BIM思维与技术丛书

Revit 2016
建筑信息模型基础教程

刘学贤　郝占鹏　王乐生　等编著

机械工业出版社
CHINA MACHINE PRESS

本书专门为基于Revit平台从事建筑工程的BIM应用者编写，以现行建筑设计规范为基础，以Revit创建模型为主线，简明扼要地阐述了创建建筑模型的操作方法。本书内容包括Revit界面简介与基本术语、Revit常用工具与基本操作、项目位置、场地设计、创建概念体量、体量分析与明细表、体量转换、标高与轴网、创建建筑构件、族的创建与使用、视图的创建与深化、布图与打印、工作集设置与协同工作、链接与管理、渲染与漫游等基本内容。本书为建筑设计及相关专业的BIM应用者提供了基础资料和参考依据，作为应用型教材，主要面向高等院校建筑类专业的学生、设计部门、基建部门以及建筑爱好者等。

图书在版编目（CIP）数据

Revit 2016建筑信息模型基础教程／刘学贤等编著. —北京：机械工业出版社，2016.10（2025.1重印）
（BIM思维与技术丛书）
ISBN 978-7-111-54895-9

Ⅰ.①R… Ⅱ.①刘… Ⅲ.①建筑设计—计算机辅助设计—应用软件—教材 Ⅳ.①TU201.4

中国版本图书馆CIP数据核字（2016）第224273号

机械工业出版社（北京市百万庄大街22号　邮政编码100037）
策划编辑：赵　荣　责任编辑：赵　荣
责任校对：陈　越　封面设计：张　静
责任印制：单爱军
北京虎彩文化传播有限公司印刷
2025年1月第1版第6次印刷
184mm×260mm·17.5印张·339千字
标准书号：ISBN 978-7-111-54895-9
定价：49.00元

前　言

近年来，BIM在建筑领域得到迅速发展，尤其是BIM被明确写入建筑业发展"十二五"规划并继续列入住房和城乡建设部、科技部"十三五"相关规划之后，其发展趋势更是突飞猛进。

目前，使用Autodesk Revit创建建筑模型已经成为主流，并广泛应用于工程项目规划、单体设计、施工及运维等领域。此外，Autodesk Revit作为BIM软件的领跑者，除了自身强大功能之外，还具有丰富的应用程序接口（API），能够形成与多款软件信息交流的渠道，从而进一步奠定其平台级工具的地位。

本书是专门为基于Revit平台从事建筑工程BIM应用者编写，作为一本基础应用型教材，主要是面向高等院校建筑类专业的学生、设计部门、基建部门以及建筑爱好者等。

本书条理清晰，以现行相关建筑设计规范和建筑设计资料集为基础，以Revit创建模型为主线，简明扼要地阐述了创建建筑模型的基本操作方法，既可作为各院校建筑类专业的学习用书，又可作为工程技术人员进行BIM学习的参考书。

本书由刘学贤、郝占鹏、王乐生、张文辉、田华、马立群、王润生、张洪恩、钱城、韩松、周东明、边怿翾、刘沛、王心如、李泳辰、刘海、王雪萍、张笑彦、袁涛等同志编写，在此一并表示衷心地感谢！

由于编者经验所限，所写内容难免有不足之处，敬请广大读者批评指正。

编　者

目　录

第1章

概述

工程建设数字设计及计算机应用技术发展进程基本可以分为三个阶段，即人工阶段、键盘阶段和集成阶段。

在人工阶段，人们主要依靠计算工具（算盘、计算尺、计算器等）来完成相关工作；在键盘阶段，则依靠计算机辅助绘图、计算机辅助设计（如CAD）、三维数字软件等，提高工作质量与效率，但工程技术人员大多是利用独立的软件工作；在集成阶段，在不断提升计算机软件应用技术的同时，充分利用数字化、信息共享、协同工作的 BIM 技术来大大提高工作质量与效率。

1.1 为什么要用BIM

2010 年，国务院提出坚持创新发展，将战略性新兴产业加快培育成为先导产业和支柱产业，重点培育和发展的战略性新兴产业包括节能环保、新一代信息技术、生物、高端装备制造、新能源、新材料、新能源汽车等。

对于新一代信息技术产业的培育发展，具体包括了促进物联网、云计算的研发和示范应用、提升软件服务、网络增值服务等信息服务能力、加快重要基础设施智能化改造、大力发展数字虚拟等技术的要求和内容。

建筑业可持续发展的两大组成部分是建筑工业化和建筑业信息化。信息化是现代工业化的重要支撑，是建筑业贯彻执行国家战略性新兴产业政策、推动新一代信息技术培育和发展的具体着力点。要实现工程建设信息化，则必须依赖于建筑信息模型技术（即 BIM 技术）所提供的各种基础数据。

2011年，住房城乡建设部在《2011～2015年建筑业信息化发展纲要》中明确提出，在"十二五"期间加快建筑信息模型（BIM）、基于网络的协同工作等新技术在工程中的应用。

目前，尽管我国工程规划、设计、施工、运维等阶段及其中的各专业、各环节以及工程建设管理都已普遍应用计算机软件，但计算机应用软件水平的进一步提升目前仍然面临着两个主要问题：一是信息共享，二是协同工作。

工程建设行业不同软件间信息不交换、不及时、不准确的信息孤岛问题已经是国内普遍存在的问题。大到一个行业，小到一个企业、一个部门，数据不能有序流通、信息不能共享，给行业和企业带来了巨大的经济损失。

解决各个系统之间的数据交互和业务集成，也就成了行业和企业信息化的主要战略任务，这也是BIM技术的优势所在。BIM模型和信息可以在建筑工程全生命期中持续传递和共享使用，从而提高工作效率和效益。

1.2 BIM的基本概念

1.2.1 建筑信息模型（BIM）

建筑信息模型（BIM）是指全生命期工程项目或其组成部分物理特征、功能特性及管理要素的共享数字化表达，具体涵盖以下三方面内容。

（1）**Building Information Model** 建筑信息模型是一个项目物理特征和功能特性的数字化表达，是该项目相关方的共享知识资源，为项目全生命期内的所有决策提供可靠的信息支持。

（2）**Building Information Modeling** 建筑信息模型应用是建立和利用项目数据在其全生命期内进行设计、施工和运营的业务过程，允许所有项目相关方通过不同技术平台之间的数据互用在同一时间利用相同的信息。

（3）**Building Information Management** 建筑信息管理是指利用数字原型信息支持项目全生命期信息共享的业务流程组织和控制过程。建筑信息管理的效益包括集中和可视化沟通、更早进行多方案比较、可持续分析、高效设计、多专业集成、施工现场控制、竣工资料记录等。

建筑信息模型、建筑信息模型应用及建筑信息管理是既独立又相互关联的整体。

1.2.2 工程项目全生命期

工程项目全生命期：根据我国企业分类及专业分布特点，将项目全生命期阶段划分为策划与规划、勘察与设计、施工与监理、运行与维护、拆除或改造与加固等五个阶段。

美国BIM标准NBIMS-US 中将建筑工程全生命期划分为策划（Conceive）、规划（Plan）、设计（Design）、施工（Build）、运营（Operate）、改造（Renovate）、报废（Dispose）七个阶段。

1.2.3 模型结构

模型整体结构分为任务信息模型以及共性的资源数据、基础模型元素、专业模型元素四个层次。

1）任务信息模型：以专业及管理分工为对象的子建筑信息模型。

2）资源数据应支持基础模型元素和专业模型元素的信息描述，表达模型元素的属性信息。资源数据应包括描述几何、材料、时间、参与方、成本、度量、物理、功能等信息所需的基本数据。典型的资源数据及其信息描述见表1-1。

表1-1 典型的资源数据及其信息描述

元 素		典型信息
几何表达	轴网	轴线位置，相对尺寸
	实体（包括立方体、扫掠实体、放样实体等）	体积，表面积，实体类型，面、线（边）、点（顶点）索引
	面域（包括三角面片、平面、扫掠面等）	面积，面类型，线、点索引
	线（包括曲线、直线、多段线等）	长度，线类型，点索引
	点	坐标
	笛卡尔坐标系	X轴方向，Y轴方向，Z轴方向
材料	材料	名称，描述，类别
	混合材料	名称，描述，材料，成分比例
	材料层（墙防水层、保温层）	名称，描述，材料，关联构件与位置
	材料面（如墙面砖、漆）	名称，描述，材料，关联表面
时间	日期	年、月、日
	时间	时、分、秒
	持续时长	
	事件时间信息	计划发生时间，实际发生时间，最早发生时间，最晚发生时间
	资源时间信息	关联任务，关联资源，计划开始时间，计划结束时间，计划资源消耗曲线，实际开始时间，实际结束时间，实际资源消耗曲线
	任务时间信息	计划开始时间，实际开始时间，计划结束时间，实际结束时间，最早开始时间，最晚结束时间，计划持续时长，实际持续时长
参与方	个人	名称，职务，角色，地址，所属组织
	组织（公司、企业）	名称，描述，角色，地址，关联构件，相关人员
	地址	位置，描述，关联个人，关联组织
成本	成本项	币种，成本数值，关联构件/属性，关联清单，计算公式
	货币关系	兑换币种，汇率，时间
度量	字符变量	
	数字变量	
	国际标准单位（包括力单位、线刚度单位等）	
	导出单位	
荷载	集中荷载	集中力大小，作用位置
	分布荷载	分布力大小，作用区域
	自重荷载	关联构件，重力加速度

3）基础模型元素应表达工程项目的基本信息、任务信息模型的共性信息以及各任务信息模型之间的关联关系。基础模型元素应包括共享构件、空间结构划分、属性集元素、共享过程元素、共享控制元素、关系元素等。典型基础模型元素及其信息描述见表1-2。

表1-2　典型基础模型元素及其信息描述

元　素		典型信息（利用资源数据表达）
共享构件	梁	名称，几何信息（如长、宽、高、截面），定位（如轴线，标高），材料（如材料强度、密度），工程量（如体积、重量）
	柱	名称，几何信息（如长、宽、高、截面），定位（如轴线，标高），材料（如材料强度、密度），工程量（如体积、重量）
	板	名称，几何信息（如长、宽、厚度），定位（如轴线，标高），材料（如材料强度、密度），工程量（如体积、重量）
	墙	名称，几何信息（如长、厚度），定位（轴线，标高），材料（如材料强度、密度、热导率、材料层），工程量（如体积、重量、表面积、涂料面积）
	孔口	名称，几何信息（如几何实体索引），定位（如轴线，标高）
	管件	名称，几何信息（如三维模型），定位（如轴线，标高），类型（如 L 弯头、T弯头），材料（如材料内外涂层），工程量（如重量）
	管道	名称，几何信息（如管径、长度、截面），定位（如轴线，标高），类型（如软管、管束），材料（如材料内外涂层），工程量（如重量）
	临时储存设备（如水箱）	名称，几何信息（如长、宽、高），定位（如轴线，标高），材料（如材料密度），工程量（如体积、重量）
	管线终端（如卫浴终端）	名称，几何信息（如长、宽、高），定位（如轴线，标高），材料（如材料密度），工程量信息，成本
空间结构	建筑空间	位置信息（空间位置），用途，关联构件
	楼层	位置信息（标高），用途，关联构件
	场地	位置信息（经纬度、标高、地址），用途，关联构件
属性	属性定义	名称，类型
	属性集	名称，属性列表
过程	事件	名称，内容，发生时间，事件状态（准时、推迟、提前）
	过程	前置事件（开始条件），后继事件（为其开始条件）
	任务	任务事件信息（开始、结束、持续时长等），紧前紧后关系，父/子任务
控制	工作日历	工作起始时间，工作结束时间，重复（每天、周一到周五、本周、仅一日等）
	工作计划方案	名称，关联项目，关联进度计划（销售计划、施工计划），关联任务
	工作进度计划	名称，关联项目，关联进度计划（某施工层、施工段进度计划），关联任务
	许可（审批、审核）	状态，描述，申请者，批准/否决者
	性能参数记录	所处生命期，机器或人工收集的数据（可以是模拟、预测或实际数据）
	成本项（如清单、定额项目）	成本值，工程量，关联任务
	成本计划	关联时间，关联成本项

注：共享构件：包含广义建筑构件，构件的几何信息以及其他物理属性。

空间结构：表达模型的空间组织，包含空间的位置、形态、从属包含关系等信息。空间结构是指根据空间布置将项目模型分解为可操作的子集，包含项目的场地、单位工程、楼层、区域划分等空间元素，模型的空间结构应具有自上而下的包含及从属关系。

属性元素：表达对象特性信息的元素，可以与模型对象相关联。

过程元素：描述逻辑有序的工作方案和计划，以及工作任务的信息。

控制元素：控制和约束各类对象、过程和资源的使用，可以包含规则、计划、要求和命令等。

4）专业模型元素应表达任务特有的模型元素及属性信息。专业模型元素应包括所引用的相关基础模型元素的专业信息。典型专业模型元素见表1-3。

表1-3 典型专业模型元素

元	素	典型模型信息
建筑专业	引用的基础模型元素	基础模型元素的索引信息（包括墙、梁、柱、板、建筑空间、楼层、场地、属性定义、属性集等）
	门	名称，几何信息（如长、宽、厚度），定位（轴线，标高），类型（如双扇门、扇开门、推拉门、折叠门、卷帘门），材料（如材料层、密度、热导率），工程量（如体积、重量、表面积、涂料面积）
	窗	名称，几何信息（如长、宽、厚度），定位（轴线，标高），类型（如平开窗、推拉窗、百叶窗），材料（如材料层、密度、热导率），工程量（如体积、重量、表面积、涂料面积）
	台阶	名称，几何信息（如台阶长、宽、高度，凸缘长度），定位（轴线，标高），材料（如材料强度、密度），工程量（如体积、重量、表面积）
	扶手	几何信息（如长度、高度，样式），定位（轴线，标高），材料（如材料层、密度），关联构件
	面层	几何信息（如厚度、覆盖面域），材料（如材料层、密度、热导率），工程量（如体积、重量、表面积、涂料面积），关联构件
	幕墙	几何信息（如厚度、覆盖面域），材料（如材料层、密度、热导率），工程量（如体积、重量、表面积、涂料面积），关联构件
结构专业	引用的基础模型元素	基础模型元素的索引信息（包括墙、梁、柱、板、建筑空间、楼层、场地、属性定义、属性集等）
	结构构件（梁、柱、墙、板）	名称，计算尺寸（长、宽、高），材料力学性能（如弹性模量、泊松比、型号等），结构分析信息（如约束条件，边界条件等）
	基础	名称，几何信息（如长、宽、高），定位（轴线，标高），工程量（如体积），计算尺寸，材料力学性能（如弹性模量、泊松比、型号等），结构分析信息（如约束条件，边界条件等）
	桩	名称，几何信息（如长、宽、高），定位（轴线，标高），计算尺寸，材料力学性能（如弹性模量、泊松比、型号等），结构分析信息（如约束条件，边界条件等）
	钢筋	编号，计算尺寸（如规格、长度、截面面积），材料力学性能（如钢材型号、等级），工程量（如根数、总长度、总重量），关联构件
	其他加劲构件	名称，几何信息（如长、直径、面积），定位（轴线、标高），计算尺寸（如长、直径、面积），材料力学性能（如材料型号、等级），结构分析信息，工程量，关联构件
	荷载	自重系数，加载位置，关联构件
	荷载组合	预定义模型，荷载类型，加载位置，组合系数与公式，关联构件
	结构响应	是否施加，关联构件，关联荷载或荷载组合，计算结果
暖通专业	引用的基础模型元素	基础模型元素的索引信息（包括墙、板、建筑空间、楼层、场地、属性定义、属性集等）
	空调设备	锅炉、火炉：名称，几何信息（主要是指尺寸大小），定位（轴线，标高），工程量（如体积、重量），类型（如型号、用途、输入电压、功率）
		制冷设备（如冷水机、凉水塔、蒸发式冷气机等）：名称，几何信息（主要是指尺寸大小），定位（轴线，标高），工程量（如体积、重量），类型信息（如型号、输入电压、功率、制冷范围）
		湿度调节器：名称，几何信息（主要是指尺寸大小），定位（轴线，标高），工程量（如体积、重量），类型信息（如型号、调节范围）

（续）

	元素		典型模型信息
暖通专业	通风设备	空气压缩机	名称，几何信息（主要是指尺寸大小），定位（轴线，标高），工程量（如体积、重量），类型信息（如型号、用途、输入电压、功率）
		风扇、风机	名称，几何信息（主要是指尺寸大小），定位（轴线，标高），工程量（如体积、重量），类型信息（如型号、用途、输入电压、功率）
	集水设备	水箱	名称，几何信息（主要是指尺寸大小），定位（轴线，标高），工程量（如体积、重量），类型信息（如型号、用途）
	管道	风管	几何信息（如截面），定位（如轴线，标高），类型（如排风管、供风管、回风管、新风管、换风管），材料（如材料及内外涂层），工程量（如重量）
		冷却水管	几何信息（如截面），定位（如轴线，标高），类型（如供水管、回水管、排水管），材料（如材料内外涂层），工程量（如重量）
		管道支架与托架	几何信息（如几何实体索引），定位（如轴线，标高），类型（如型钢类型、管夹类型），材料（如材料及内外涂层），工程量（如重量），结构分析信息（如抗拉、抗弯）
		管件（连接件）	几何信息（如几何实体索引），定位（如轴线，标高），类型（如 L 弯头、T 弯头），材料（如材料及内外涂层），工程量信息（如重量），结构分析信息（如抗拉、抗弯）
	过滤设备	空气过滤器、通风调节器、扩散器	名称，几何信息（主要是指尺寸大小），定位（轴线，标高），工程量（如体积、重量），类型（如型号、调节范围）
	分布控制设备	一氧化碳传感器、二氧化碳传感器	几何信息（主要是指尺寸大小），定位（轴线，标高），工程量（如体积、重量），类型信息（如型号、敏感度）
	其他部件	减振器、隔振器、阻尼器	几何信息（主要是指尺寸大小），定位（轴线，标高），工程量（如体积、重量），类型信息（如型号、隔振能力）
		风管消声装置	几何信息（主要是指尺寸大小），定位（轴线，标高），工程量（如体积、重量），类型信息（如型号、分贝范围）
给水排水专业	引用的基础模型元素		基础模型元素的索引信息（包括墙、板、建筑空间、楼层、场地、属性定义、属性集等）
	管道	供水系统管道	几何信息（如截面），定位（如轴线，标高），类型（如型号），材料（如材料及内外涂层），工程量信息（如重量）
		排水系统管道	
		回水系统管道	
		管道支架与托架	几何信息（如几何实体索引），定位（如轴线，标高），类型（如型钢类型、管夹类型），材料（如材料及内外涂层），工程量（如重量），结构分析信息（如抗拉、抗弯）
		管件（连接件）	几何信息（如几何实体索引），定位（如轴线，标高），类型（如 L 弯头、T 弯头），材料（如材料及内外涂层），工程量（如重量），结构分析信息（如抗拉、抗弯）
	泵送设备	泵	名称，几何信息（主要是指尺寸大小），定位（轴线，标高），工程量（如体积、重量），类型信息（如型号、用途、输入电压、功率）
	控制设备	分布控制板和分布控制传感器	几何信息（主要是指尺寸大小），定位（轴线，标高），工程量（如体积、重量），类型信息（如型号、敏感度）
	集水设备	储水装置、压力容器	几何信息（主要是指尺寸大小），定位（轴线，标高），工程量（如体积、重量），类型（如型号、用途）
	水处理设备	截油池、截砂池	几何信息（主要是指尺寸大小），定位（轴线，标高），工程量（如体积、重量），类型（如型号、调节范围）
		集水和污水池	

（续）

元 素		典型模型信息
引用的基础模型元素		基础模型元素的索引信息（包括墙、板、建筑空间、楼层、场地、属性定义、属性集等）
电气专业 管线	电缆接线盒	几何信息（主要是指尺寸大小），定位（轴线，标高），工程量（如体积、重量），类型信息（如型号、接头数量）
	电缆	几何信息（如截面），定位（如轴线，标高），类型（如型号，功率，电流与电压限值），材料，工程量信息（如重量）
	管道支架与托架	几何信息（如几何实体索引），定位（如轴线，标高），类型（如型钢类型、管夹类型），材料，工程量（如重量），结构分析信息（如抗拉、抗弯）
	管件	几何信息（如几何实体索引），定位（如轴线，标高），类型（如 L 弯头、T 弯头），材料信息（如材料及内外涂层），工程量（如重量），结构分析信息（如抗拉、抗弯）
	配电板	几何信息（主要是指尺寸大小），定位（轴线，标高），工程量（如体积、重量），类型信息（如型号）
	安全装置	几何信息（主要是指尺寸大小），定位（轴线，标高），工程量（如体积、重量），类型（如型号，跳闸限值）
储电设备	储电器	名称，几何信息（主要是指尺寸大小），定位（轴线，标高），工程量（如体积、重量），类型信息（如型号、容量）
机电设备	发电机	名称，几何信息（主要是指尺寸大小），定位（轴线，标高），工程量（如体积、重量），类型（如型号、用途、输入功率、输出功率、额定电压）
	电动机	名称，几何信息（主要是指尺寸大小），定位（轴线，标高），工程量（如体积、重量），类型（如型号、用途、输入电压、功率）
	电动机连接	几何信息（主要是指尺寸大小），定位（轴线，标高），工程量（如体积、重量），类型信息（如型号、连接方式）
	太阳能设备	名称，几何信息（主要是指尺寸大小），定位（轴线，标高），工程量（如面积、重量），类型（如型号、功率）
	变压器	名称，几何信息（主要是指尺寸大小），定位（轴线，标高），类型（如型号、用途、输入电压、输出电压）
终端	视听电器	几何信息（主要是指尺寸大小），定位（轴线，标高），类型（如型号、功率）
	灯	几何信息（主要是指尺寸大小），定位（轴线，标高），类型（如型号、功率）
	灯具	几何信息（主要是指尺寸大小），定位（轴线，标高），类型（如型号）
	电源插座	几何信息（主要是指尺寸大小），定位（轴线，标高），类型（如型号、插座形式、插头数量）
	普通开关	几何信息（主要是指尺寸大小），定位（轴线，标高），类型（如型号）

1.2.4 工程项目各个阶段任务信息模型

（1）**策划与规划阶段** 策划与规划阶段宜包含项目策划、项目规划设计、项目规划报建等任务信息模型。

（2）**勘察与设计阶段** 勘察与设计阶段宜包含工程地质勘察、地基基础设计、建筑设计、结构设计、给水排水设计、供暖通风与空调设计、电气设计、智能化设计、幕墙设计、装饰装修设计、消防设计、风景园林设计、绿色建筑设计评价、施工图审查等任务信息模型。

涉及工程造价的任务信息模型应包含工程造价概算信息，工程造价概算应按工程建设现行全国统一定额及地方相关定额执行。

（3）施工与监理阶段 施工与监理阶段宜包含地基基础施工、建筑结构施工、给水排水施工、供暖通风与空调施工、电气施工、智能化施工、幕墙施工、装饰装修施工、消防设施施工、园林绿化施工、屋面施工、电梯安装、绿色施工评价、施工监理、施工验收等任务信息模型。

涉及工程造价的任务信息模型应包含工程造价概算信息，工程造价概算应按工程建设现行全国统一定额及地方相关定额执行。

涉及现场施工的任务信息模型应包含施工组织设计信息。

（4）运行与维护阶段 运行与维护阶段宜包含建筑空间管理、结构构件与装饰装修材料维护、给水排水设施运行维护、供暖通风与空调设施运行维护、电气设施运行维护、智能化设施运行维护、消防设施运行维护、环境卫生与园林绿化维护等任务信息模型。

（5）改造与拆除阶段 改造与拆除阶段宜包含结构工程改造、机电工程改造、装饰工程改造、结构工程拆除、机电工程拆除等任务信息模型。

所有任务信息模型可根据项目需要合并或拆分建立，拆分建立的信息模型应与原任务信息模型协调一致。

各个阶段还可根据业主需要建立业主信息模型。

1.2.5 任务信息模型应用

任务信息模型应用是面向完成任务目标并支持任务相关方交换和共享信息、协同工作的任务信息模型各种应用及任务流程信息管理的统称。

结合我国工程建设的国情，统一应用 BIM 技术的方式和方法，使项目全生命期内的各参与方能够信息共享、协同工作，解决建设行业的信息孤岛问题，提高工程建设的质量与效率，将模型应用（modeling）及业务流程信息管理（management）统称为应用。

1.2.6 BIM 协同平台

BIM 协同平台包含的主要内容有：

1）BIM 协同平台内置相关的设计标准和业务流程。

2）BIM 设计过程中的用户管理。

3）BIM 设计内容共享授权管理。

4）BIM实施中的工作流程管理，如专业配合、质量控制、进度控制、成果发布等。

5）BIM项目的多参与方数据共享管理。

6）BIM交付数据或模型的生成与交付管理。

7）BIM项目的归档与再利用管理等。

1.2.7 BIM模型深度（BIM model depth）

（1）LOD标准 模型的细致程度，英文称为Level of Details，也称为Level of Development。描述了一个BIM模型构件单元从最低级的近似概念化的程度发展到最高级的演示级精度的步骤。美国建筑师协会（AIA）为了规范BIM参与各方及项目各阶段的界限，在2008年定义了LOD的概念。

从概念设计到竣工设计，LOD被定义为五个等级，但为了给未来可能会插入的等级预留空间，定义LOD为100~500，见表1-4。

表1-4 LOD等级

LOD等级	名 称	描 述
LOD 100	Conceptual	等同于概念设计，此阶段的模型通常为表现建筑整体类型分析的建筑体量，分析包括体积，建筑朝向，每平方造价等
LOD 200	Approximate geometry	等同于方案设计或扩初设计，此阶段的模型包含普遍性系统，包括大致的数量，大小，形状，位置以及方向。模型通常用于系统分析以及一般性表现目的
LOD 300	Precise geometry	模型单元等同于传统施工图和深化施工图层次。此模型已经能很好地用于成本估算以及施工协调，包括碰撞检查，施工进度计划以及可视化。模型应当包括业主在BIM提交标准里规定的构件属性和参数等信息
LOD 400	Fabrication	此阶段的模型被认为可以用于模型单元的加工和安装。此模型更多被专门的承包商和制造商用于加工和制造项目的构件，包括水电暖系统
LOD 500	As-built	最终阶段的模型表现的项目竣工的情形。模型将作为中心数据库整合到建筑运营和维护系统中去。模型应包含业主BIM提交说明里制订的完整的构件参数和属性

应用时，需结合项目的不同阶段以及项目的具体目的来确定LOD的等级，根据不同等级所概括的模型精度要求来确定建模精度。但在实际应用中，根据项目具体目的不同，也不能生搬硬套，可以进行适度的调整。

（2）上海标准 根据《上海市建筑BIM建模深度和收费标准》（讨论稿），BIM模型建模深度可分为L1~L4四个等级，分别为概念级、方案级、设计级、施工级。

（3）北京标准 《民用建筑信息模型设计标准导读》（北京市地方标准DB11\T 1069—2014）中有如下规定：

BIM模型深度是指模型中信息的详细程度；根据不同的设计专业，划分为建筑、结构、机电三类模型；模型深度分为几何和非几何两个信息维度；每个信息维度分为五个等级区间（即1.0、2.0、3.0、4.0、5.0）。

1）建筑专业 BIM 模型深度等级表

①建筑专业几何信息深度等级表见表1-5。

表1-5 建筑专业几何信息深度等级表

序号	信息内容	深度等级				
		1.0	2.0	3.0	4.0	5.0
1	场地：场地边界（用地红线、高程、正北）、地形表面、建筑地坪、场地道路等	√	√	√	√	√
2	建筑主体外观形状：例如体量形状大小、位置等	√	√	√	√	√
3	建筑层数、高度、基本功能分隔构件、基本面积	√	√	√	√	√
4	建筑标高	√	√	√	√	√
5	建筑空间	√	√	√	√	√
6	主要技术经济指标的基础数据（面积、高度、距离、定位等）	√	√	√	√	√
7	主体建筑构件的几何尺寸、定位信息：楼地面、柱、外墙、外幕墙、屋顶、内墙、门窗、楼梯、坡道、电梯、管井、吊顶等		√	√	√	√
8	主要建筑设施的几何尺寸、定位信息：卫浴、部分家具、部分厨房设施等		√	√	√	√
9	主要建筑细节几何尺寸、定位信息：栏杆、扶手、装饰构件、功能性构件（如防水防潮、保温、隔声吸声）等		√	√	√	√
10	主体建筑构件深化几何尺寸、定位信息：构造柱、过梁、基础、排水沟、集水坑等			√	√	√
11	主要建筑设施深化几何尺寸、定位信息：卫浴、厨房设施等			√	√	√
12	主要建筑装饰深化：材料位置、分割形式、铺装与划分			√	√	√
13	主要构造深化与细节			√	√	√
14	隐蔽工程与预留孔洞的几何尺寸、定位信息			√	√	√
15	细化建筑经济技术指标的基础数据			√	√	√
16	精细化构件细节组成与拆分的几何尺寸、定位信息				√	√
17	最终构件的精确定位及外形尺寸				√	√
18	最终确定的洞口的精确定位及尺寸				√	√
19	构件为安装预留的细小孔洞				√	√
20	实际完成的建筑构配件的位置及尺寸					√

注：√表示应该具备的选项。

②建筑专业非几何信息深度等级表见表1-6。

表1-6 建筑专业非几何信息深度等级表

序号	信息内容	深度等级				
		1.0	2.0	3.0	4.0	5.0
1	场地：地理区位、基本项目信息	√	√	√	√	√
2	主要技术经济指标（建筑总面积、占地面积、建筑层数、建筑等级、容积率、建筑覆盖率等统计数据）	√	√	√	√	√
3	建筑类别与等级（防火类别、防火等级、人防类别等级、防水防潮等级等基础数据）	√	√	√	√	√

（续）

序号	信息内容	深度等级				
		1.0	2.0	3.0	4.0	5.0
4	建筑房间与空间功能，使用人数，各种参数要求	√	√	√	√	√
5	防火设计：防火等级、防火分区、各相关构件材料和防火要求等		√	√	√	√
6	节能设计：材料选择、物理性能、构造设计等		√	√	√	√
7	无障碍设计：设施材质、物理性能、参数指标要求等		√	√	√	√
8	人防设计：设施材质、型号、参数指标要求等		√	√	√	√
9	门窗与幕墙：物理性能、材质、等级、构造、工艺要求等		√	√	√	√
10	电梯等设备：设计参数、材质、构造、工艺要求等		√	√	√	√
11	安全、防护、防盗实施：设计参数、材质、构造、工艺要求等		√	√	√	√
12	室内外用料说明。对采用新技术、新材料的做法说明及对特殊建筑和必要的建筑构造说明		√	√	√	√
13	需要专业公司进行深化设计部分，对分包单位明确设计要求、确定技术接口的深度			√	√	√
14	推荐材质档次，可以选择材质的范围，参考价格			√	√	√
15	工业化生产要求与细节参数				√	√
16	工程量统计信息：工程采购				√	√
17	施工组织过程与程序信息与模拟				√	√
18	最终工程采购信息					√
19	最终建筑安装信息、构造信息					√
20	建筑物的各设备设施及构件的维修与运行信息					√

注：√表示应该具备的选项。

2）结构专业BIM模型深度等级表

①结构专业几何信息深度等级表见表1-7。

表1-7　结构专业几何信息深度等级表

序号	信息内容	深度等级				
		1.0	2.0	3.0	4.0	5.0
1	结构体系的初步模型表达，结构设缝，主要结构构件布置	√	√	√	√	√
2	结构层数，结构高度	√	√	√	√	√
3	主体结构构件：结构梁、结构板、结构柱、结构墙、水平及竖向支撑等的基本布置及截面	√	√	√	√	√
4	空间结构的构件基本布置及截面，如桁架、网架的网格尺寸及高度等		√	√	√	√
5	基础的类型及尺寸，如桩、筏板、独立基础等		√	√	√	√

（续）

序号	信息内容	深度等级				
		1.0	2.0	3.0	4.0	5.0
6	主要结构洞定位、尺寸		√	√	√	√
7	次要结构构件深化：楼梯、坡道、排水沟、集水坑等			√	√	√
8	次要结构细节深化：如节点构造、次要的预留孔洞			√	√	√
9	建筑围护体系的结构构件布置			√	√	√
10	钢结构深化			√	√	√
11	精细化构件细节组成与拆分，如钢筋放样及组拼，钢构件下料				√	√
12	预埋件，焊接件的精确定位及外形尺寸				√	√
13	复杂节点模型的精确定位及外形尺寸				√	√
14	施工支护的精确定位及外形尺寸				√	√
15	构件为安装预留的细小孔洞				√	√
16	实际完成的建筑构配件的位置及尺寸					√

注：√表示应该具备的选项。

②结构专业非几何信息深度等级表见表1-8。

表1-8 结构专业非几何信息深度等级表

序号	信息内容	深度等级				
		1.0	2.0	3.0	4.0	5.0
1	项目结构基本信息，如设计使用年限，抗震设防烈度，抗震等级，设计地震分组，场地类别，结构安全等级，结构体系等	√	√	√	√	√
2	构件材质信息，如混凝土强度等级，钢材强度等级	√	√	√	√	√
3	结构荷载信息，如风荷载、雪荷载、温度荷载、楼面恒活荷载等	√	√	√	√	√
4	构件的配筋信息，钢筋构造要求信息，如钢筋锚固、截断要求等		√	√	√	√
5	防火、防腐信息		√	√	√	√
6	对采用新技术、新材料的做法说明及构造要求，如耐久性要求、保护层厚度等		√	√	√	√
7	其他设计要求的信息		√	√	√	√
8	工程量统计信息：主体材料分类统计，施工材料统计信息				√	√
9	工料机信息				√	√
10	施工组织及材料信息				√	√
11	建筑物的各设备设施及构件的维修与运行信息					√

注：√表示应该具备的选项。

3）机电专业BIM模型深度等级表

①机电专业几何信息深度等级表见表1-9。

表1-9 机电专业几何信息深度等级表

序号	信息内容	深度等级				
		1.0	2.0	3.0	4.0	5.0
1	主要机房或机房区的占位几何尺寸、定位信息	√	√	√	√	√
2	主要路由（风井、水井、电井等）几何尺寸、定位信息	√	√	√	√	√
3	主要设备（锅炉、冷却塔、冷冻机、换热设备、水箱水池、变压器、燃气调压设备等）几何尺寸、定位信息	√	√	√	√	√
4	主要干管（管道、风管、桥架、电气套管等）几何尺寸、定位信息		√	√	√	√
5	所有机房的占位几何尺寸、定位信息		√	√	√	√
6	所有干管（管道、风管、桥架、电气套管等）几何尺寸、布置定位信息		√	√	√	√
7	支管（管道、风管、桥架、电气套管等）几何尺寸、布置定位信息		√	√	√	√
8	所有设备（水泵、消火栓、空调机组、散热器、风机、配电箱柜等）几何尺寸、布置定位信息		√	√	√	√
9	管井内管线连接几何尺寸、布置定位信息		√	√	√	√
10	设备机房内设备布置定位信息和管线连接		√	√	√	√
11	末端设备（空调末端、风口、喷头、灯具、烟感器等）布置定位信息和管线连接		√	√	√	√
12	管道、管线装置（主要阀门、计量表、消声器、开关、传感器等）布置		√	√	√	√
13	细部深化模型各构件的实际几何尺寸、准确定位信息			√	√	√
14	单项（太阳能热水、虹吸雨水、热泵系统室外部分、特殊弱电系统）深化设计模型			√	√	√
15	开关面板、支吊架、管道连接件、阀门的规格、定位信息			√	√	√
16	风管定制加工模型				√	√
17	特殊三通、四通定制加工模型，下料准确几何信息				√	√
18	复杂部位管道整体定制加工模型				√	√
19	根据设备采购信息的定制模型					√
20	实际完成的建筑设备与管道构件及配件的位置及尺寸					√

注：√表示应该具备的选项。

②机电专业非几何信息深度等级表见表1-10。

表1-10 机电专业非几何信息深度等级表

序号	信息内容	深度等级				
		1.0	2.0	3.0	4.0	5.0
1	系统选用方式及相关参数	√	√	√	√	√
2	机房的隔声、防水、防火要求	√	√	√	√	√
3	主要设备功率、性能数据、规格信息		√	√	√	√
4	主要系统信息和数据（说明建筑相关能源供给方式，如市政水条件、冷热源条件）		√	√	√	√
5	所有设备性能参数数据		√	√	√	√
6	所有系统信息和数据		√	√	√	√
7	管道管材、保温材质信息		√	√	√	√
8	暖通负荷的基础数据		√	√	√	√
9	电气负荷的基础数据		√	√	√	√
10	水力计算、照明分析的基础数据和系统逻辑信息		√	√	√	√
11	主要设备统计信息		√	√	√	√
12	设备及管道安装工法			√	√	√
13	管道连接方式及材质			√	√	√
14	系统详细配置信息			√	√	√
15	推荐材质档次，可以选择材质的范围，参考价格			√	√	√
16	设备、材料、工程量统计信息：工程采购				√	√
17	施工组织过程与程序信息与模拟				√	√
18	采购设备详细信息					√
19	最后安装完成管线信息					√
20	设备管理信息					√
21	运维分析所需的数据、系统逻辑信息					√

注：√表示应该具备的选项。

（4）其他 按照模型中所集成的信息的特征，还可以分为3D 模型、4D 模型、5D模型乃至nD 模型等。

三维（3D）：包含了工程项目所有的几何、物理、功能和性能信息。

四维（4D）：是3D 加上项目发展的时间，用来研究建筑可建性（可施工性）、施工计划安排以及优化任务和工作顺序。

五维（5D）：是四维（4D）加上造价控制。

六维（6D）：是五维（5D）加上性能分析应用，使得可以配合建筑方案的细化过程逐步深入，做出真正性能良好的建筑。

1.3 BIM的优缺点

1.3.1 模型信息的基本要求

（1）模型信息的完备性 模型信息除了对工程对象进行3D几何信息和拓扑关系的描述，还包括完整的工程信息描述，如对象名称、结构类型、建筑材料、工程性能等设计信息；施工工序、进度、成本、质量以及人力、机械、材料资源等施工信息；工程安全性能、材料耐久性能等维护信息；对象之间的工程逻辑关系等。

（2）模型信息的关联性 信息模型中的对象是可识别且相互关联的，系统能够对模型的信息进行统计和分析，并生成相应的图形和文档。如果模型中的某个对象发生变化，与之关联的所有对象都会随之更新，以保持模型的完整性和准确性。

（3）模型信息的一致性 在建筑生命期的不同阶段模型信息是一致的，同一信息无需重复输入，而且信息模型能够自动演化，模型对象在不同阶段可以简单地进行修改和扩展而无需重新创建，避免了信息不一致的错误。

1.3.2 模型信息的优点

模型信息的优点基本上可概括为可视化（Visualization）、协调（Coordination）、模拟（Simulation）、优化（Optimization）四个方面。

（1）可视化 对于BIM来说，可视化是其中的一个固有特性，BIM的工作过程和结果就是建筑物的实际形状，加上构件的属性信息（例如门的宽度和高度）和规则信息（例如墙上的门窗移走了，墙就自然封闭）。

在BIM的工作环境里，由于整个过程是可视化的，所以不仅可以用来汇报和展示，更重要的是，项目设计、建造、运营过程中的沟通、讨论、决策都在可视化的状态下进行。

（2）协调 BIM服务是目前能够帮助项目经理解决多方协调问题的最有效的手段之一。

通过使用BIM技术，建立相应的BIM模型，可以完成设计协调工作，例如：地下排水布置与其他设计布置的协调；不同类型车辆在停车场的行驶路径与其他设计布置及净空要求的协调；楼梯布置与其他设计布置及净空要求的协调；市政工程布置与其他设计布置及净空要求的协调；公共设备布置与私人空间的协调；竖井、管道间布置与净空要求的协调；设备房机电设备布置与维护及更换安装的协调；电梯井布置与其他设计布置及净空要求的协调；防火分区与其他设计布置的协调；排烟管道布置其他设计布置及净空要求的协调；房间门户与其他设计布置及净空要求的协调；主要设备、机电管道布置与其他设计布置和净空要求的协调；预制件布置与其他设计布置的协调；玻璃幕墙布置与其他设计布置的协调；住宅空调喉管、排水管布置与其他设计布置及净空要求的协调；排烟口布置与其他设计布置及净空要求的协调；建筑、结构、设备平面图布置及楼层高度的检查与协调等。

（3）模拟 实际上，没有BIM也能做模拟，但与实际建筑物的变化发展是没有直接实时关联的，仅仅是一种可视化效果。

只有实现"设计–分析–模拟"一体化，才能动态地表达建筑物的实际状态，当设计有变化，接着对变化以后的设计进行不同专业的分析研究，同时把分析结果模拟出来，以供业主对此进行决策，这就是所谓的BIM模拟。

目前基于BIM的模拟有以下几类：

1）设计阶段：日照模拟、视线模拟、节能（绿色建筑）模拟、紧急疏散模拟、CFD模拟等。

2）招标投标和施工阶段：4D模拟（包括基于施工计划的宏观4D模拟和基于可建造性的微观4D模拟），5D模拟（与施工计划匹配的投资流动模拟）等。

3）销售运营阶段：基于web的互动场景模拟，基于实际建筑物所有系统的培训和演练模拟（包括日常操作、紧急情况处置）等。

（4）优化 事实上整个设计、施工、运营的过程就是一个不断优化的过程，优化和BIM没有必然的联系，但在BIM的基础上可以做更快、更好地优化。

优化受三方面因素的制约：信息、复杂程度、时间。没有准确的信息做不出合理的优化结果，BIM模型提供了建筑物的实际存在（几何信息、物理信息、规则信息），包括变化以后的实际存在，也就更加具备了做优化的条件。

目前基于BIM的优化可以做下面的工作：

1）项目方案优化：把项目设计和投资回报分析集成起来，设计变化对投资回报的影响可以实时计算出来；这样业主对设计方案的选择就不会主要停留在对形状的评价上。

2）特殊（异型）设计优化：裙楼、幕墙、屋顶、大空间到处可以看到异型设计，这些内容看起来占整个建筑的比例不大，但是占投资和工作量的比例和前者相比却往往要大得多，而且通常也是施工难度比较大和施工问题比较多的地方，对这些内容的设计施工方案进行优化，可以带来显著的工期和造价改进。

3）限额设计：BIM可以让限额设计名符其实。

1.3.3 模型信息的缺点

当然，BIM也存在一些不足，主要表现在以下几个方面：

（1）人员 前期推广和应用难度大，由于之前众多工程人员已经习惯于CAD时代的平立剖，直接转为BIM短期难以适应。

（2）**标准** 目前，各地各部门标准不统一，使得所创建的信息化模型在行业间、部门间难以流畅地共享与更新。

（3）**软件** 软件使用成本较大，较繁杂，很难快速上手应用。

（4）**硬件** 硬件前期投入大，且更新速度快，短期很难有可观的经济效益。

如果上述问题得以顺利解决，相信BIM时代将会很快来临，也就会出现计算机与工程结合的第二次大变革。

1.4 常用的BIM软件

创建BIM模型，离不开软件，但仅依靠一个软件解决所有问题的时代已经一去不复返了。针对工程中的众多问题，需要用多种软件联合应用来解决。

1.4.1 基本分类

BIM软件众多，可以简单分为几大类：概念设计和可行性研究类软件；BIM核心建模软件；BIM分析软件；加工和预制加工软件；施工管理软件；算量和预算软件；计划软件；文件共享和协同软件。

1.4.2 与核心建模软件相关联的软件

BIM的主体是模型，只有与模型相关联，才能实现真正意义的BIM。目前与核心建模软件关联的主要有以下几种。

（1）**BIM方案设计软件** BIM方案设计软件用于设计初期，其主要功能是将业主设计任务书中基于数字的项目要求转化为基于几何形体的建筑方案，以用于业主与设计师之间的沟通和方案研究论证。

BIM方案设计软件可以帮助设计师校验设计方案与业主设计任务书中的项目要求的匹配程度。BIM方案设计软件的成果可以转换到BIM核心建模软件中进行设计深化，并继续验证满足业主要求的情况。

目前主要的BIM方案软件有Onuma Planning System和Affinity等。

（2）**几何造型软件** 设计初期阶段的形体、体量研究以及遇到复杂建筑造型时，使用几何造型软件比直接使用BIM核心建模软件更方便、效率更高，甚至可以实现BIM核心建模软件无法实现的功能。几何造型软件的成果可以作为BIM核心建模软件的输入。

目前常用几何造型软件有Sketchup、Rhino和FormZ等。

（3）**BIM可持续（绿色）分析软件** 可持续或者绿色分析软件可以使用BIM模型的信息对项目进行日照、风环境、热工、景观可视度、噪声等方面的分析。

主要软件有国外的Ecotect Analysis、Vasari、IES、Green Building Studio、CFD Simulation、Airpak以及国内的PKPM、斯维尔等。

（4）BIM结构分析软件　结构分析软件是目前与BIM核心建模软件集成度比较高的产品，基本上两者之间可以实现双向信息交换，即结构分析软件可以使用BIM核心建模软件的信息进行结构分析，分析结果对结构的调整，然后反馈回到BIM核心建模软件中去，自动更新BIM模型。

ETABS、STAAD、Robot等国外软件以及PKPM等国内软件都可以与BIM核心建模软件配合使用。

（5）BIM机电分析软件　水暖电等设备和电气分析软件国内产品有鸿业、博超等，国外产品有Designmaster、IES Virtual Environment、Trane Trace等。

（6）BIM可视化软件　使用可视化软件可以减少可视化建模的工作量，提高模型的精度与设计实物的吻合度，并且可以在项目的不同阶段以及各种变化情况下快速产生可视化效果。

常用的可视化软件包括3DS Max、Lumior、Artlantis、AccuRender、Showcase和Lightscape等。

（7）BIM模型检查软件　BIM模型检查软件可以用来检查模型本身的质量和完整性，例如空间之间是否有重叠，空间有没有被适当的构件围闭，构件之间有没有冲突等；还可以用来检查设计是否符合业主的要求，是否符合规范的要求等。

目前具有市场影响力的BIM模型检查软件是Solibri Model Checker。

（8）BIM深化设计软件　Xsteel是目前最有影响的基于BIM技术的钢结构深化设计软件，该软件可以使用BIM核心建模软件的数据，对钢结构进行面向加工、安装的详细设计，生成钢结构施工图（加工图、深化图、详图）、材料表、数控机床加工代码等。此外还有Tekla Structure等。

（9）BIM模型综合碰撞检查软件　有两个根本原因直接导致了模型综合碰撞检查软件的出现：

1）不同专业人员使用各自的BIM核心建模软件建立自己专业相关的BIM模型，这些模型需要在一个环境里面集成起来才能完成整个项目的设计、分析、模拟，而这些不同的BIM核心建模软件无法实现这一点。

2）对于大型项目来说，硬件条件的限制使得BIM核心建模软件无法在一个文件里面操作整个项目模型，但是又必须把这些分开创建的局部模型整合在一起研究整个项目的设计、施工及其运营状态。

模型综合碰撞检查软件的基本功能包括集成各种三维软件（包括BIM软件、三维工厂设计软件、三维机械设计软件等）创建的模型，进行3D协调、4D计划、可视化、动态模拟等，属于项目评估、审核软件的一种。

常见的模型综合碰撞检查软件有Autodesk Navisworks、Bentley Projectwise Navigator和Solibri Model Checker等。

（10）**BIM造价管理软件** 造价管理软件可以利用BIM模型提供的信息进行工程量统计和造价分析，由于BIM模型结构化数据的支持，基于BIM技术的造价管理软件可以根据工程施工计划动态提供造价管理需要的数据，亦即所谓BIM技术的5D应用。

国外的BIM造价管理有Innovaya和Solibri，鲁班、广联达等则是国内BIM造价管理软件的代表。

（11）**BIM运营管理软件** 有人曾经把BIM形象地比喻为建设项目的DNA，根据美国国家BIM标准委员会的资料，一个建筑物生命周期75%的成本发生在运营阶段（使用阶段），而建设阶段（设计、施工）的成本只占项目生命周期成本的25%。

BIM模型为建筑物的运营管理阶段服务是BIM应用重要的推动力和工作目标，在这方面美国运营管理软件ArchiBUS是最有市场影响的软件之一。

（12）**二维绘图软件** 从BIM技术的发展目标来看，二维施工图应该是BIM模型的其中一个表现形式和一个输出功能而已，不再需要有专门的二维绘图软件与之配合，但是目前情况下，施工图仍然是工程建设行业设计、施工、运营所依据的法律文件，BIM软件的直接输出还不能满足市场对施工图的要求，因此二维绘图软件仍然是不可或缺的施工图生产工具。

最有影响的二维绘图软件就是Autodesk的AutoCAD和Bentley的Microstation。

（13）**BIM发布审核软件** 最常用的BIM成果发布审核软件包括Autodesk Design Review、Adobe PDF和Adobe 3D PDF，正如这类软件本身的名称所描述的那样，发布审核软件把BIM的成果发布成静态的、轻型的、包含大部分智能信息的、不能编辑修改但可以标注审核意见的、更多人可以访问的格式，如DWF、PDF、3D PDF等，供项目其他参与方进行审核或者利用。

1.4.3 核心建模软件

模型是BIM的核心主体，众多软件均基于模型来进行相关分析研究，BIM的核心建模软件通常Autodesk公司的Revit系列（建筑、结构和机电）、Bentley系列（建筑、结构和机电）、Nemetschek Graphisoft系列（ArchiCAD、AllPLAN、VectorWorks）以及Dassault（Digital Project、Catia）等。

用户可以根据自己的需求来选择，通常民用建筑用Autodesk Revit系列较多；工厂设计和基础设施用Bentley较多；单专业建筑事务所选择Nemetschek Graphisoft系列的ArchiCAD、Revit系列、Bentley系列均可；项目完全异形、预算比较充裕的可以选择

Dassault系列的Digital Project或Catia。

1.5 Revit 2006的新增功能

2006年，Autodesk公司第一次在我国市场发布Revit Architecture中文版，此后陆续推出Revit Structure和Revit MEP中文版，由于其基于BIM的三维理念和"一处更新，处处更新"等特点，获得诸多行业设计师的关注。其协同工作理念提升了设计的准确性和设计效率，降低了设计成本，密切了各专业的配合。因此，时至今日的Revit 2016版本，已经成为众多设计师的主流应用软件。

Revit 2016版的新增特点如下：改进了文档编制控件，增强其修订功能；增加重绘制期间导航，可以更快地进行平移、缩放和动态观察；在导出的PDF中自动链接视图，可以浏览带有链接视图和PDF图样；显示约束模式，便于即时查看视图中的尺寸标注和对齐约束；增设Dynamo 图形编程界面，可以在可视化编程环境中工作；可以使用编辑、目标和切换工具调整视图，直接在透视视图中工作；改进了IFC文件的可用性，使开放标准进一步集成到Revit中。

在建筑设计中，增加了Project Solon 能量信息，可以在自定义面板中探索能量性能；基于速博（Subscription）维护合约，开发A360 Collaboration for Revit ，更好地实现基于云的协作服务；增加场地规划工具，传达建筑工地概念；Energy Analysis for Revit 增强功能，可以作出可持续设计决策。

结构工程中，增加钢筋限制条件改进功能，可以使用各类钢筋明细表参数完善文档编制；增加的钢筋明细表改进功能，进一步支持混凝土钢筋文档编制；其结构荷载改进功能，可以在弯曲梁和弧形墙上显示局部坐标系（LCS）；路径钢筋造型功能，可以使三维钢筋建模的功能更加丰富；重力分析功能，可以保证确定由上至下传递垂直荷载，但仅限于云服务。

在MEP中，增加预制详图功能，可以在 Revit中创建预制模型；电气线路的增强功能指定线路的创建顺序并创建按相位分组的电气线路 ；改进后的捕捉行为，可以远程捕捉仅包含视图中的可见对象；新增加的电气配电盘增强功能，能够更加高效地搜索并选择所需的配电盘。

此外，Revit 2016支持多核CPU，使得低中配计算机运行不卡，中高配计算机运行更流畅。

第 2 章

Revit 界面简介与基本术语

本章中，主要讲述启动Revit时如何设定只显示"建筑"选项卡；Revit界面简介；以及Revit的基本术语等内容。

2.1 启动Revit

2.1.1 启动并设置Revit

双击桌面的 ▲ 按钮，启动Revit软件，如图2-1所示。

图2-1 启动Revit

从图2-1中可以看到，Revit同时显示了"建筑，结构，系统"三个选项卡，如果仅为创建"建筑"模型，可以通过如下方式设定。

✓ 1) 单击启动界面左上角的应用程序按钮 ，然后单击弹出对话框中的 选项 按钮 (图2-2)。

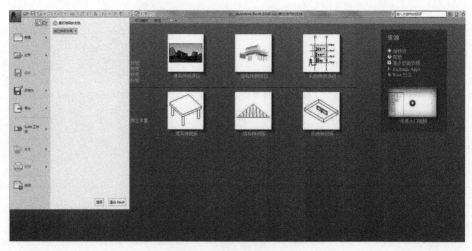

图2-2　单击"选项"按钮

☑2）在弹出的【选项】对话框中，单击左侧的"用户界面"项，然后在右侧的"配置"栏中取消其中的"结构""系统"选项勾选，如图2-3所示。

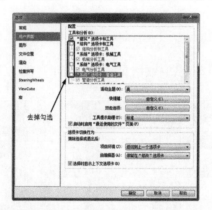

图2-3　在【选项】对话框中，确定选项配置

☑3）单击 确定 按钮，结果如图2-4所示。

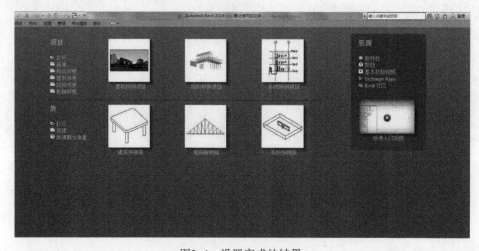

图2-4　设置完成的结果

另外,从图2-4中可以看到,页面中含有"项目""族"等选项。其中在"项目"选项中单击"打开"项,可以打开已有项目;单击"新建"选项,可以新创建一个项目;其后的"构造样板"为各专业通用样式,而其后的"建筑样板""结构样板""机械样板"则为各专业独有样板。

在"族"选项中,可以通过单击"打开"选项来打开已有族;单击"新建"选项来新创建一个族;单击"新建概念体量"选项来创建一个概念体量族。

如果直接创建建筑模型,可以直接选择"项目"选项中的"建筑样板"项即可。

2.1.2 界面简介

选择"项目"中的"构造样板"或者"建筑样板"项后,进入Revit界面,如图2-5所示。

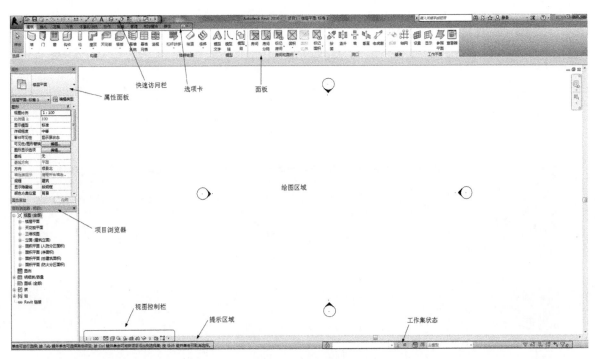

图2-5 Revit界面

Revit自2010版后使用Ribbon工作界面,不再以传统的菜单和工具栏为主,而是按任务和流程,将软件的各功能组织在不同的选项卡和面板当中。用鼠标单击选项卡,可以进行选项卡的功能切换,而每个选项卡又包含由相应工具组成的面板,单击面板上的工具名称就可以使用该工具。

另外,移动鼠标指向面板上的工具图标并稍作停留,软件就会弹出该工具的使用说明窗口,以方便用户直观地了解该工具的使用方法,Revit工具弹窗如图2-6所示。

1. 应用程序菜单

应用程序菜单主要是提供对常用文件操作的访问,如"新建""保存""导出""发布"等，单击左上角的 按钮可以打开应用程序菜单，然后移动鼠标，进行相应菜单选择，如图2-7所示。

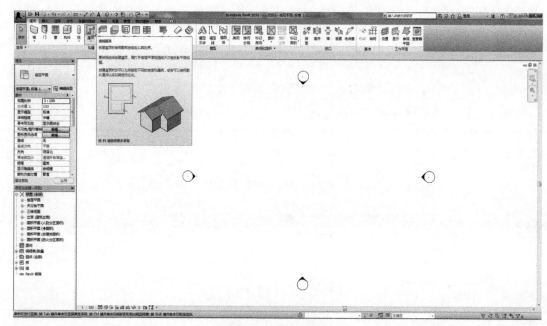

图2-6　Revit工具弹窗

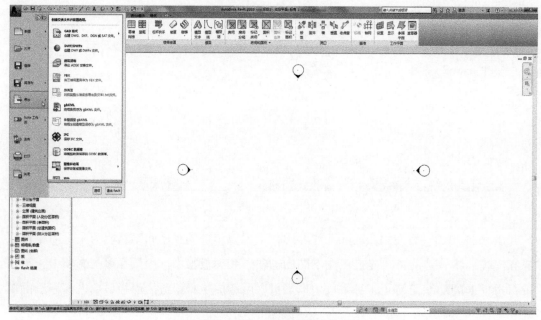

图2-7　打开应用程序菜单

2. 快速访问工具栏

单击 后面的 按钮，在弹出的工具列表中进行勾选，就可以进行快速访问工具栏的自定义，如图2-8所示。

图2-8 自定义快速访问工具栏

此外，可以在面板中移动鼠标对准相应工具后单击鼠标右键，在弹出的快捷菜单中选择"添加到快速访问工具栏"，该工具将会添加到快速访问工具栏的右侧，如图2-9所示。

图2-9 向快速访问工具栏中添加工具

同样，移动鼠标对准快速访问工具栏中相应工具后单击鼠标右键，在弹出的快捷菜单中选"从快速访问工具栏中删除"，则该工具将从快速访问工具栏中被删除，如图2-10所示。

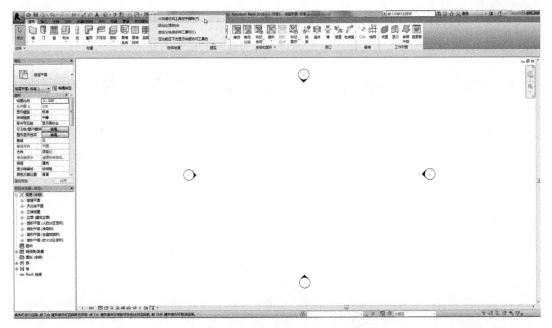

图2-10 从快速访问工具栏中删除工具

使用这种方法可以快捷地使用一些常用工具，对不熟悉界面和快捷键的用户较方便。

3. 选项卡

Ribbon界面中收藏了众多含有命令按钮和图示的面板，它把面板组织成一组"标签"，并将该"标签"加以命名，即为Revit中的选项卡。

当前Revit界面中含有【建筑】【插入】【注释】【分析】【体量和场地】【协作】【视图】【管理】【附加模块】【修改】等（因已经将结构和系统勾选掉，所以未显示【结构】和【系统】两个选项卡），分别如图2-11~图2-20所示。

图2-11 【建筑】选项卡

图2-12 【插入】选项卡

图2-13 【注释】选项卡

图2-14 【分析】选项卡

图2-15 【体量和场地】选项卡

图2-16 【协作】选项卡

图2-17 【视图】选项卡

图2-18 【管理】选项卡

图2-19 【附加模块】选项卡

图2-20 【修改】选项卡

在选项卡中，有部分工具图标下方有一个小黑三角，表示该工具有复选项，单击该小黑三角可以选择该类的另外工具，如图2-21所示。

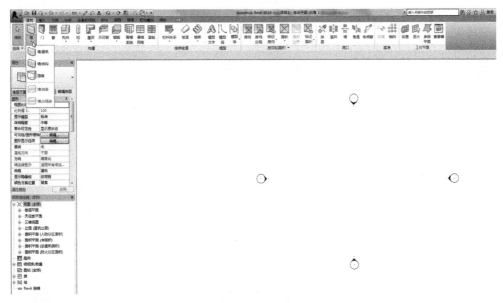

图2-21 在选项卡中选择复选项工具

另外，单击 建筑 插入 注释 分析 体量和场地 协作 视图 管理 附加模块 修改 □▼ 后面的 □▼ 按钮，可以将选项卡的面板最小化，再单击该按钮，又可以取消面板最小化。

4. 上下文选项卡

当单击面板中的某些工具或者选择绘图区域已经绘制的图元时，Revit会增加一个"上下文选项卡"，在其中将包含与该工具或图元有上下文关联的工具。例如单击【建筑】选项卡中的"墙"工具时，会出现【修改|放置墙】选项卡（图2-22）。

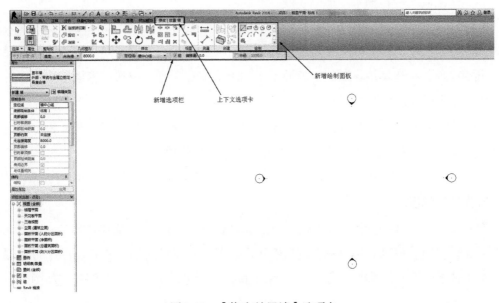

图2-22 【修改|放置墙】选项卡

该选项卡面板中，除了包含【修改】选项卡中的【属性】【几何图形】【修改】【视图】【测量】【创建】面板外（该部分面板为灰色），在其右侧还增加了【绘制】面板（该部分为绿色），选择绘制面板中的直线、弧线等工具后，即可进行直线墙、弧线墙的绘制。

另外，在面板下部还增加了选项栏，用于创建构件时的相应设置。

5. 视图控制栏

在绘图区域的右下角有一组 1：100 ⊠ ⊡ ◈ ◈ ◈ ◈ ◈ ◈ ◈ 按钮，主要用于设置视图模式，称为视图控制栏。

1）比例设置按钮 1：100 ：单击该按钮可以选择当前视图显示比例。

2）精细度按钮⊠：单击该按钮可以选择当前视图显示精细度，包括粗略、中等、精细三个选项。

3）视觉样式按钮⊡：单击该按钮可以选择当前视图的视觉样式，包含线框、隐藏线、着色、一致的颜色、真实、光线追踪等，该按钮类似于CAD中的Shademode命令。

4）打开/关闭日光路径按钮◈：单击该按钮开启或关闭项目所在区位的日光路径。

5）打开/关闭阴影按钮◈：单击该按钮打开和关闭阴影效果。

6）裁剪视图按钮◈：单击该按钮选择裁剪和不裁剪当前视图。

7）显示裁剪区域按钮◈：单击该按钮可以将当前视图的裁剪区域显示或关闭。

8）临时隐藏/隔离按钮◈：单击该按钮可以将所选择的图元临时隐藏或隔离。这个按钮在建模过程中非常好用，可以将选择的图元隐藏，编辑剩下的图元；还可以将选择的图元隔离，而隐藏剩下的图元，这样就可以单独编辑被隔离的图元了。完成后点击该按钮中的"重设临时隐藏/隔离"选项即可。

9）显示隐藏图元按钮◈：单击该按钮可以显示被隐藏的图元。注意，前面临时隐藏和隔离后的对象，如果没有及时进行"重设临时隐藏/隔离"时，可以单击该按钮显示被隐藏的对象，在选择被隐藏的对象后单击"上下文选项卡"中的"取消隐藏图元"按钮，就可以将所选择对象的隐藏设置取消。

10）启用临时视图属性按钮◈：单击该按钮可以启用临时视图属性和样板，这一项目前应用不多，仅限于未对视图属性和样板设置的情况使用。

11）显示约束按钮◈：单击该按钮可以显示和关闭当前视图各图元的约束关系。

6. 选项过滤器

在界面的左下角有一个按钮◈，在建模时也非常有用。有时需要选择某一类图元而该图元比较多时，可以利用鼠标框选所有图元，然后单击该按钮，在弹出的【过滤器】对话框中将多余图元勾选掉，然后单击 确定 按钮，就可以选中需要的图元，如图2-23所示。

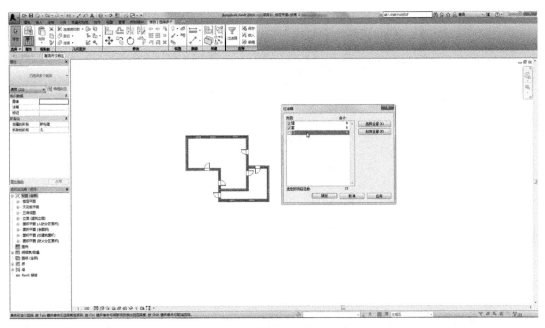

图2-23　利用【过滤器】选择图元

7. 属性

Revit中，大多数图元都具有两组属性，用于控制其外观和行为。

（1）实例属性　实例属性应用于项目中的某种族类型的单个图元。实例属性往往会随图元在建筑或项目中位置的不同而不同。修改实例属性仅影响选定的图元或要放置的图元，即使该项目包含同一类型的图元，也不会被修改。【属性】对话框如图2-24所示。

图2-24　【属性】对话框

（2）类型属性　类型属性是族中许多图元的公共属性。在【属性】对话框中单击 编辑类型 按钮，会弹出如图2-25所示的【类型属性】对话框。

图2-25　【类型属性】对话框

修改类型属性会影响项目中族的所有实例（各个图元）和任何将要在项目中放置的实例。因此，在该对话框中进行相关属性的改动，会影响到该类图元的属性，尽管之前我们仅仅选定了某一图元。这一点对于初学者一定要牢记。

8. 项目浏览器

通过【项目浏览器】（图2-26），可以快速浏览项目中的各个选项，如楼层平面、立面等。

图2-26　【项目浏览器】对话框

2.2　Revit的基本术语

2.2.1　项目

Revit中所谓项目是单个设计信息数据库模型。

项目文件包含了建筑的所有设计信息（从几何图形到构造数据），这些信息包括用于设计模型的构件、项目视图和设计图样。通过使用单个项目文件，用户可以轻松地修改设计，还可以使修改反映在所有关联区域（如平面视图、立面视图、剖面视图、明细表等）中，大大方便了项目管理。

项目文件的存储格式为"*.rvt"。

2.2.2　项目样板

项目样板提供项目的初始状态，基于样板的任意新项目均继承来自样板的所有族、设置（如单位、填充样式、线样式、线宽和视图比例）以及几何图形。Revit提供多个样板，用户也可以创建自己的样板。

如果把一个Revit项目比作一张图纸的话，那么样板文件就可以理解为制图规范。

样板文件的存储格式为"*.rte"。

2.2.3　图元

Revit是基于BIM技术的核心建模软件，其设计项目实际上是由许多彼此关联的图元模型构成的。

Revit项目包含了三种图元，即模型图元、基准图元和视图专用图元。

（1）模型图元　代表建筑的实际三维几何图形，如墙、柱、楼板、屋顶、门窗、家具设备等。

（2）基准图元　用于协助定义项目范围，如轴网、标高和参照平面。

1）轴网：通常为有限平面，可以在视图中拖曳其范围，使其拓展。

2）标高：为无限水平平面，可用作屋顶、楼板和顶棚等以层为主体的图元参照。

3）参照平面：用于精确定位、绘制轮廓线条等的重要辅助工具。参照平面对于族的创建非常重要，有二维参照平面及三维参照平面，其中三维参照平面显示在概念设计环境中。在项目中，参照平面出现在各楼层平面中，但在三维视图不显示。

（3）视图专用图元　只显示在放置这些图元的视图中，对模型图元进行描述或归档，如尺寸标注、标记和二维详图。

2.2.4　Revit的图元划分

实际上，Revit对图元是按照类别、族和类型来进行分级的。

（1）类别　是用于对设计建模或归档的一组图元。例如，模型图元的类别包括墙、家具、门窗等；注释图元的类别包括标记和文字注释等。

（2）族　族是组成项目的构件，同时是参数信息的载体。族根据参数（属性）集的共用、使用上的相同和图形表示的相似来对图元进行分组。一个族中不同图元的部分或全部属性可能有不同的值，但是属性的设置（其名称与含义）是相同的。

族样板文件的存储格式为"*.rft"。族文件的存储格式为"*.rfa"。

族有三种类型：

1）可载入族：使用族样板在项目外创建的族（*.rfa）文件，可以载入到项目当中，具有可自定义的特征，因此可载入族是用户最经常创建和修改的族。

2）系统族：已经在项目中预定义并只能在项目中进行创建和修改的族类型（如墙、楼板、顶棚等）。它们不能作为外部文件载入或创建，但可以在项目和样板之间复制和粘贴或者传递系统族类型。

3）内建族：在当前项目中新建的族，它与之前介绍的"可载入族"的不同在于，"内建族"只能存储在当前的项目文件里，不能单独存成族（*.rfa）文件，也不能用在别的项目文件中。

（3）类型 类型用于表示同一族的不同参数（属性）值。

以窗为例：假如窗为类别，双扇推拉窗则为族，而双扇推拉窗1200mm×1500 mm就可以看作类型。

2.2.5 参数化

参数化是Revit的一个重要特征，由于其图元均以族的方式出现，通过一系列的参数化定义这些图元，在设计过程中，设计师只要改动其参数，就可以完成图元的改动，并且通过关联、协同工作途径真正实现"一处改动，处处改动"，大大降低了劳动强度。

第 3 章

Revit 常用基本工具与基本操作

使用Revit创建模型的工具依据创建构件不同而不尽相同，比如场地地形创建、体量的创建、幕墙创建等，这些特有工具在以后章节中将陆续讲述。

本章将主要讲述一些通用的工具，主要包括绘制、修改以及选择等。

3.1 常用基本工具

3.1.1 基本绘制工具

进入Revit界面，单击【建筑】选项卡，再单击"墙"工具，在【修改|放置墙】上下文选项卡后出现【绘制】面板，其中的工具为基本绘制工具，如图3-1所示。

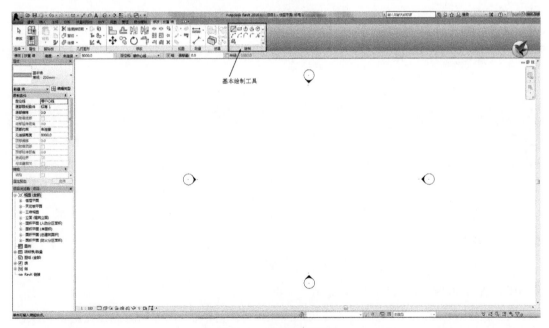

图3-1 基本绘制工具

面板中包括绘制直线按钮、绘制矩形按钮、绘制内接多边形按钮、绘制外切多边形按钮、绘制圆形按钮、绘制起点-终点-端点弧按钮、绘制圆心-端点弧按钮、绘制相切–端点弧按钮、绘制圆角弧按钮、拾取线按钮、拾取面按钮。

其中使用拾取线按钮可以根据绘图区域中选定的墙、直线或边来创建一条直线；使用拾取面按钮可以借助体量或普通模型的面来创建构件；而其他按钮的操作如同CAD，非常简单，在此就再——赘述。

注意：选定工具后，在面板下方会出现一个参数设置框，如图3-2所示。

图3-2　参数设置框

1）可以直接在数据框内填写数据来确定创建构件的高度（上图中是4000.0，表示构件高度为4000mm）；也可以单击未连接中的小黑三角，在下拉框中选择标高来确定构件的位置（如图3-3所示，表示构件将从当前的"标高1"创建到"标高2"）。

关于标高的设置将在以后章节中讲述。

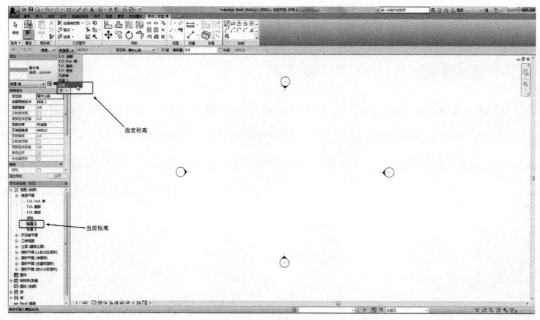

图3-3　选择标高

2）其中的定位线 墙中心线选项，主要确定定位线在构件的哪个位置，对墙体而言，有多个选项，如图3-4所示。

3）特别要注意的是，其中的链选项，如果勾选表示可以连续绘制，若不勾选（将其中的"√"去掉）则表示不连续绘制。

4）其中的偏移量 0.0选项，可以确定创建的构件位置与鼠标指定点位置的偏移量。比如定位线确定为"墙中心线"，偏移量如果设定为"300"时，用直线来创建墙体，则在绘图区域用鼠标确定两个点后，所创建墙体的中心线将与鼠标所定点位产生偏移，偏移距离为300mm。

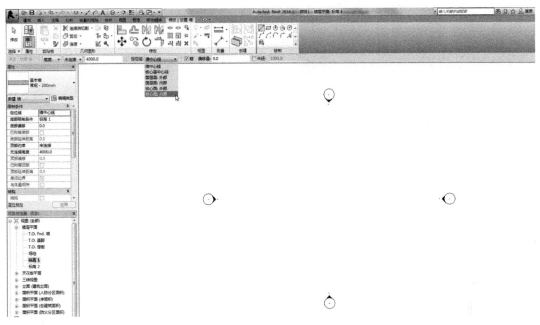

图3-4　确定构件的定位线位置

3.1.2　常用修改工具

今后的创建模型过程中，在上下文选项卡中经常会出现【修改】面板（主要是因为这个面板中的编辑工具使用频率较高），如图3-5所示。

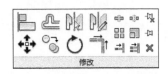

图3-5　常用修改工具

1）对齐按钮▣：快捷键AL，可以将图元（一个或多个）与选定的图元对齐。

2）偏移按钮▣：快捷键OF，通过设置参数框 ○图形方式 ◉数值方式 偏移: 1000.0 　☑复制 ，可以将选定的图元复制或移动到长度的垂直方向上的指定距离处。

3）镜像-拾取轴按钮▣：快捷键MM，可以使用现有的线或边作为镜像轴，对称复制选定的图元，该命令如同CAD中的"Mirror"。

4）镜像-绘制轴按钮▣：快捷键DM，可以绘制一条临时线作为镜像轴，对称复制选定的图元。

5）移动按钮▣：快捷键MV，可以将选定的图元移动到指定位置。

6）复制按钮▣：快捷键CO，可以将选定的图元复制到指定位置。注意在面板下方的选项框 □约束 □分开 ☑多个 中，勾选"约束"项只能垂直或水平复制，如同CAD中的"正交模式"；勾选"多个"则为多重复制。

7）旋转按钮◎：快捷键RO，可以将选定的图元绕指定位置旋转。

8）延伸–修剪为角按钮▦：快捷键TR，可以将选定的两个图元用修剪或延伸的方法使之相交，该命令如同CAD中的"Fillet"。

9）修剪–延伸单个单元按钮▦：可以修剪或延伸一个图元到选定其他图元的边界。

10）修剪–延伸多个单元按钮▦：可以修剪或延伸多个图元到选定其他图元的边界。

11）删除按钮▣：快捷键DE，可以删除选定的图元，该命令如同CAD中的"Erase"，实际上，选中图元后直接按键盘上的 Delete 键也可以完成图元的删除。

12）阵列按钮▦：快捷键AR，可以将选定的图元沿直线方向或环向阵列，该命令如同CAD中的"Array"。

13）缩放按钮▦：快捷键RE，可以将选定的图元按比例放大或缩小，该命令如同CAD中的"Scale"。

14）拆分图元按钮▦：快捷键SL，可以将选定的图元拆成两部分，该命令如同CAD中的2D操作中的"Break"命令的打断于点，也类似于CAD中的3D操作中的"Slice"命令。

15）用间隙拆分图元按钮▦：可以通过参数框 连接间隙: 300.0 设置，将选定的图元拆成有一定间隙的两部分，该命令如同CAD中的2D操作中的"Break"命令的按距离打断。

16）锁定按钮▦：快捷键PN，可以将选定的图元锁定使其不能移动位置，但与其相连的其他图元移动时，被锁定的图元将随其他图元有所变化。

17）解锁按钮▦：快捷键UP，可以将锁定的图元解除锁定，使其可以移动位置。

3.2 基本操作

本小节中，主要讲述选择图元的方法、终止操作、放缩与拖移图形、参照平面的使用、对象捕捉以及保存等内容。

3.2.1 选择图元的方法

在创建模型过程中，经常要选择图元进行相关的编辑和调整，合理选择图元的方法至关重要，通常有如下几种方法。

（1）单选 用鼠标对准要选择的图元单击便可完成图元的选择。这种方法仅用于单一图元的选择。

（2）窗选 用鼠标单击拖动形成选择窗口来选择图元。窗选方式如同CAD，也分为正选和反选。

1）正选：从左向右拖动鼠标形成的选择窗口，会选择被窗口框到的完整图元。

2）反选：从右向左拖动鼠标形成的选择窗口，会选择被窗口框到的全部图元。

（3）**TAB选择**　当用鼠标单选一个图元后，按 Tab 键，会选择与所选图元关联的其他图元，目前这种选择方式使用较多。

（4）**增选**　有时需要增加一些图元时，可以按 Ctrl 键来增选图元。

（5）**减选**　有时需要减少所选的一些图元时，可以按 Shift 键来完成。

（6）**过滤选**　在建模过程中，有时需要选择某一类图元进行编辑时，常用的方法是过滤选。具体方法为：选择视图区域的所有图元，单后单击右下角的过滤器 图标，然后在弹出的【过滤器】对话框中将不需要的图元勾选掉，再单击 确定 按钮，即可选择所需要的图元，如图3-6所示。

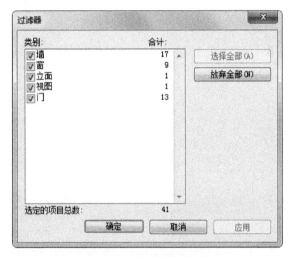

图3-6　【过滤器】对话框

3.2.2　终止操作

建模过程中，如果想终止操作命令可以按 ESC 键结束；对于创建构件命令，则通常需要按两次 ESC 键结束。

3.2.3　放缩与拖移

（1）**放缩视图**　如同CAD操作一样，在绘图区域，推动鼠标的滚轮就可以实现视图的放大和缩小。

（2）**拖移视图**　在绘图区域，按住鼠标的滚轮移动就可以实现视图拖移。如同CAD中的PAN操作一样。

3.2.4　参照平面

在Revit中，标高和轴网可以进行项目的整体定位，而对于局部定位则经常使用"参照平面"工具。

"参照平面"工具位于【建筑】选项卡的【工作平面】面板处（如图3-7所示），快捷键RP。参照平面如同添加辅助定位线一样，可以在平、立、剖视图中任意创建，而且还可以在所有与参照平面垂直的视图中生成投影，当参照平面数量较多时，可以在参照平面属性面板中通过修改名称参数来命名，以便于在其他视图中找到指定的参照平面。

图3-7　【工作平面】面板

尤其注意的是在创建"族"时，"参照平面"是非常重要的工具，它起到定位的作用。

3.2.5　对象捕捉

对象捕捉在建模过程中也必不可少，对象捕捉可以很准确地选到图元的特定点，操作方法为：

☑1）单击【管理】选项卡后，在【设置】面板中单击 按钮，如图3-8所示。

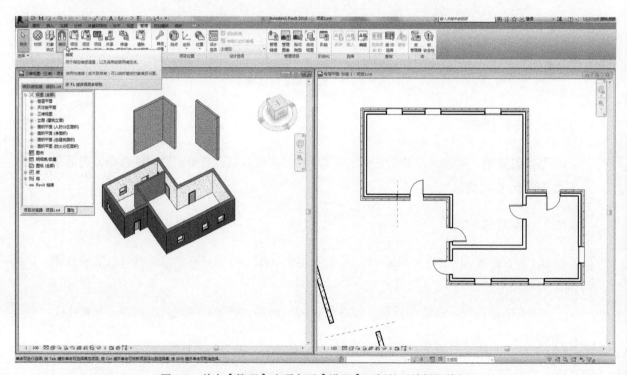

图3-8　单击【管理】选项卡下【设置】面板的"捕捉"按钮

☑2）在弹出的捕捉对话框中勾选要设定的点位名称，如图3-9所示。

☑3）完成后单击 确定 按钮，即可完成捕捉设置。

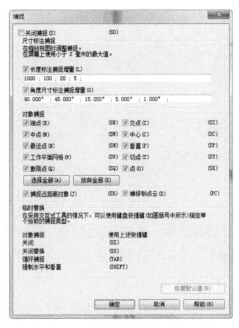

图3-9　设置【捕捉】对话框

3.2.6　保存

保存模型可以单击 ▣ 按钮，或者按 Ctrl+S 键；此外，还可以单击左上角应用程序按钮 ▲，在"另存为"中进行选项保存，如图3-10所示。

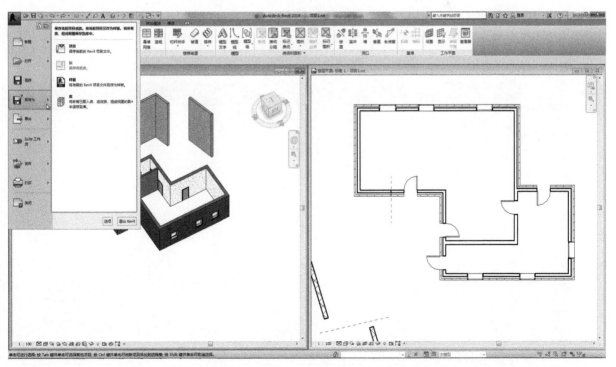

图3-10　将模型以"另存为"方式保存

第4章

项目位置

一个项目通常是由项目样板开始，项目样板承载着项目的各种信息，以及用于构成项目的各种图元。Revit依据不同专业的通用需求，发布了适用于建筑、结构、MEP 的项目样板。实际建模时，还需要依据项目的特性，对项目样板进行定制。

定制一个项目样板包括：项目信息、项目参数、项目单位、视图样板、项目视图、族、对象样式、可见性/图形替换、打印设置等几个方面。

4.1 【设置】面板

4.1.1 项目信息

项目信息用于指定能量数据、项目状态和客户信息等。启动Revit后，选择【管理】选项卡后，单击【设置】面板上的"项目信息"按钮，如图4-1所示。

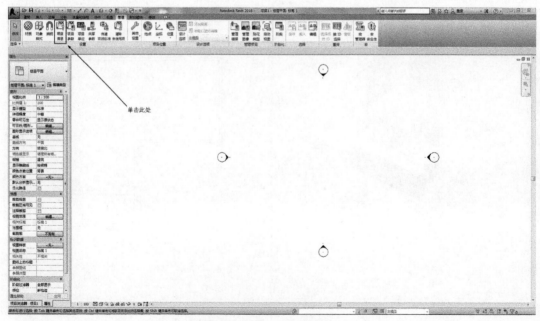

图4-1 单击"项目信息"

在系统弹出的【项目属性】对话框（图4-2）中，可以输入当前项目的组织名称、组织描述、建筑名称、作者、项目发布日期、项目状态等信息。

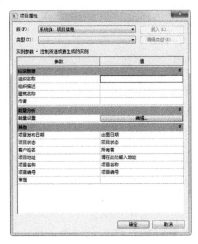

图4-2 【项目属性】对话框

所有这些信息将被图样空间所调用，并且有些信息将显示在图样的标题栏中；使用"共享参数"可以将自定义字段添加到项目信息中。输入完成后单击 确定 按钮，关闭对话框完成项目属性的设置。

4.1.2 项目参数

项目参数用于指定可添加到项目中的图元类别并能在明细表中使用的参数，仅应用于当前项目，不能与其他项目或族共享，也不出现在标记中。使用"共享参数"工具方可创建共享参数。

图4-3 【项目参数】对话框

单击选择【管理】选项卡后，单击【设置】面板上的"项目参数"按钮，在【项目参数】对话框（图4-3）中，用户可以添加新的项目参数、修改项目样板中已提供的项目参数或删除不需要的项目参数。

单击 添加(A)... 或 修改(M)... 按钮，可以在【参数属性】对话框中进行编辑，如图4-4所示。

图4-4 【参数属性】对话框

1）名称：输入添加的项目参数名称，但不支持画线。

2）规程：定义项目参数的规程。共有公共/结构/电气/能量等规程可供选择。

3）参数类型：用于指定参数的类型，不同的参数类型具有不同的特点和单位。

4）参数分组方式：用于定义参数的组别。

5）实例/类型：用于指定项目参数属于"实例"或"类型"。

6）类别：决定要应用此参数的图元类别，可以多选。

4.1.3 项目单位

用于指定项目中各类参数单位的显示格式。项目单位的设置直接影响明细表、报告及打印等数据输出。

单击选择【管理】选项卡后，单击【设置】面板上的"项目单位"按钮，弹出【项目单位】对话框（图4-5）。

使用时，需选择规程和单位，以用于指定显示项目的单位精度和符号。比如图4-5中，规程选择为"公共"；长度格式是整数，单位为"mm"；面积格式是小数点后两位有效数字，单位是"m²"等。

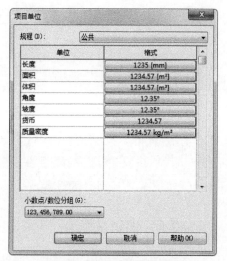

图4-5 【项目单位】对话框

4.1.4 共享参数

共享参数用于指定多个族或项目中使用的参数。使用共享参数可以添加族文件或尚未定义的特定数据。【编辑共享参数】对话框如图4-6所示。

4.1.5 传递项目标准

传递项目标准用于将选定项目的设置从另一个打开的项目复制到当前项目。其中包括族类型、线宽、材质、视图样式等。

这个工具非常有用，如同样板一样，如果创建的项目类型相同（比如建筑模型），并且之前已经在其他项目中进行过标准设置，那么在开始另一个项目时，无需

图4-6 【编辑共享参数】对话框

每次都从头开始设置，只需将原项目的设置（包括相关的族文件）进行传递后，就可以直接进行模型的创建了。

4.1.6 清除未使用项

该工具将从当前项目中删除未使用的族和类型，这样就可以缩小文件的大小，如同

CAD中的清理命令"Purge"一样。

4.2 【项目位置】面板

【项目位置】面板如图4-7所示。

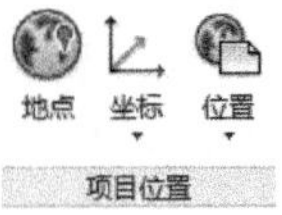

图4-7　【项目位置】面板

4.2.1 地点

主要用于指定项目的地理位置。如果使用"Internet 映射服务"可以通过搜索项目位置的街道地址或者项目的经纬度来直观显示项目位置。

该工具对于日光研究、漫游和渲染生成阴影时非常有用，还可以利用其天气数据进行分析。但是对于一些有保密要求的项目，不建议进行此项设定。

4.2.2 坐标

坐标用于管理链接模型的坐标。使用共享坐标可以记录多个链接文件的相互位置，对于共同协作有着至关重要的作用。

包括获取坐标、发布坐标、在点上指定坐标、报告共享坐标等多个选项（图4-8）。

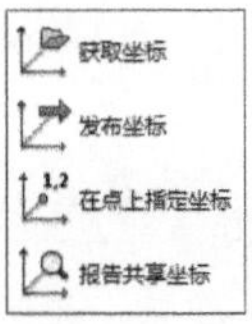

图4-8　【坐标】的多个选项

4.2.3 位置

该工具主要是使用共享坐标来控制场地上项目的位置，并且可以修改项目中图元的位置。包括"重新定位项目""旋转正北""镜像项目""旋转项目北"等选项（图4-9）。

图4-9　【位置】的多个选项

第5章

场地设计

场地工具可以为项目创建三维地形模型、场地红线、建筑地坪等构件；还可以在场地中添加植物、停车场等构件。

5.1 场地设置

在开始场地设计之前，需要对场地做一个全局设置。包括定义等高线间隔、添加用户定义的等高线，以及选择剖面填充样式等。

5.1.1 设置等高线间隔

☑ 1）单击功能区中【体量和场地】选项卡的【场地建模】面板的场地设置按钮 ↘，如图5-1所示。

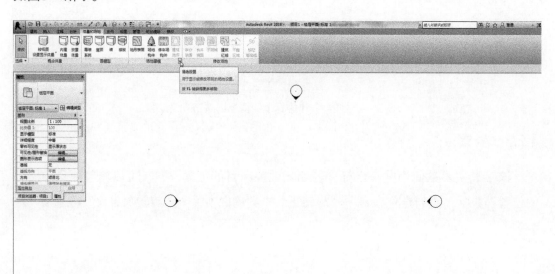

图5-1 单击"场地设置"按钮

系统弹出【场地设置】对话框，如图5-2所示。

☑2）在"显示等高线"中勾选"间隔"，并输入一个值作为等高线间隔，如图5-3所示中设置为"1000"，表示在将来创建的地形中会按每"1000mm"的高程间隔来显示等高线。

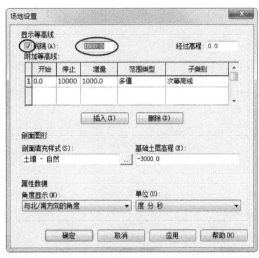

图5-2 【场地设置】对话框　　图5-3 在【场地设置】对话框中设置"间隔"值

注意：如果勾选"间隔"项来创建地形表面时，需将附加等高线中的各项内容删除。

5.1.2 经过高程

"经过高程"主要用于设置等高线的开始高程，实际上就是确定绘制等高线的高程。

例如，如果将等高线间隔设置为"10000"，当"经过高程"的值设置为"0"时，等高线将出现在-20m、-10m、0m、10m、20m等的位置；当"经过高程"的值设置为"5"时，则等高线会出现在-25m、-15m、-5m、5m、15m、25m等的位置。

而如果将等高线间隔设置为"1000"，当"经过高程"的值设置为"0"时，等高线将出现在-2m、-1m、0m、1m、2m等的位置；当"经过高程"的值设置为"5"时，等高线则会出现在-2.5m、-1.5m、-0.5m、0.5m、1.5m、2.5m等的位置。

5.1.3 附加等高线

附加等高线主要是将自定义等高线添加到场地平面中。在"显示等高线"中将"间隔"勾选清除，就可以在"附加等高线中"添加自定义等高线（注意此时自定义等高线仍会显示）。

1. 创建自定义等高线

☑1）将"间隔"勾选清除。

☑2）设定等高线参数。

①在"范围类型"中选择"单一值"（表示只绘制一条等高线）。

②在"子类别"中选择"次等高线"。

"子类别"中有多个选项，如三角形边缘、主等高线、次等高线以及隐藏线等。此处因绘制的是附加等高线，所以选择"次等高线"。

③在"开始"中输入数据，作为该等高线的高程。完成后如图5-4所示。

☑ 3）单击"插入"按钮，并进行上述设置，可以完成另一条附加等高线的设置。如果要绘制多条附加等高线，可以重复该步骤，如图5-5所示。

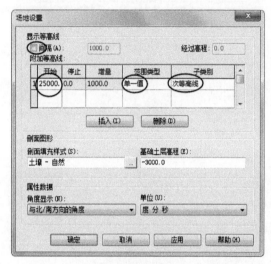

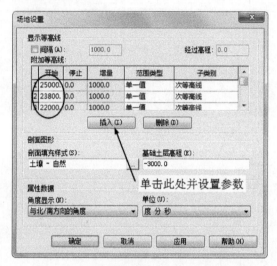

图5-4　在【场地设置】对话框中设置第一条 | 图5-5　在【场地设置】对话框中设置多条
　　　　　附加等高线　　　　　　　　　　　 　　　　　附加等高线

图5-5中表示将在"25000""23800""22000"高程处绘制3条附加等高线。

☑ 4）完成后单击 应用 按钮，再单击 确定 按钮关闭【场地设置】对话框。

注意：选择单一值时，其"停止""增量"两项是不可编辑的。

2. 在一个范围内创建多个等高线

如果要在某一个范围内创建多个等高线，应执行以下步骤操作。

☑ 1）将"间隔"勾选清除。

☑ 2）设定等高线参数。

①在"范围类型"中选择"多值"（表示绘制多条等高线）。

②在"子类别"中选择"次等高线"。

"子类别"中有多个选项，如三角形边缘、主等高线、次等高线以及隐藏线等。此处因绘制的是附加等高线，所以选择"次等高线"。

③在"开始"中输入数据，作为该范围高线的起始高程。

④在"停止"中输入数据，作为该范围高线的终止高程。

⑤在"增量"中输入数据，作为多条等高线的间隔，完成后如图5-6所示。

图5-6 在【场地设置】对话框中设置"多值"附加等高线

图5-6中的数据表示多条次等高线的起始高程为"2500mm",终止高程为"8200mm",等高线间隔为"1000mm"。

☑ 3）完成后单击 应用 按钮，再单击 确定 按钮关闭【场地设置】对话框。

5.1.4 剖面图形

1. 剖面填充样式

在【场地设置】对话框中的"剖面图形"区域单击"剖面填充样式"处的 按钮，可以打开【材质浏览器】（图5-7），选择一种在剖面视图中显示场地的材质。

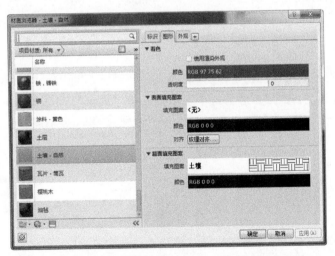

图5-7 在【材质浏览器】对话框中选择剖面填充样式

2. 基础土层高程

在【场地设置】对话框中的"剖面图形"区域的"基础土层高程"输入一个数值，可以控制土壤横断面的深度。该值控制项目中全部地形图元的土层深度。

5.1.5 属性数据

1. 角度显示

"角度显示"提供了"度"和"与北/南方向的角度"两种选项。如果选择"度"，则在建筑红线方向角表中以 360° 方向标准显示建筑红线，并使用相同的符号显示建筑红线标记；如果选择"与北/南方向的角度"，则在建筑红线方向角表中以南/××度或北/××度方向标准显示建筑红线。

2. 单位

"单位"提供了"度"和"十进制"两种选项。如果选择"十进制"，则建筑红线方向角表中的角度显示为十进制数而不是度、分和秒。

5.2 创建地形表面

在三维视图或场地平面中，"地形表面"工具可以通过放置点、导入以 DWG、DXF 或 DGN 格式的三维等高线数据或使用点文件来定义地形表面。

5.2.1 通过"放置点"的方式来创建地形表面

1. 前期设定

☑（1）设定等高线间隔　例如按图 5-2 所示，在【场地设置】对话框中进行设置。

☑（2）设置图元的可视性　如果使用"地形表面"工具时出现一个"警告"提示框（图 5-8），表示此时如果创建图元，将不会即时显示，为方便直观观察图形，这时应当首先设置图元的可视性。具体方法为：

1）单击【视图】选项卡的【图形】面板中的"可见性/图形"按钮🔲。

2）在弹出的【可见性/图形替换】对话框中将"地形"勾选（图 5-9）后单击 确定 按钮。

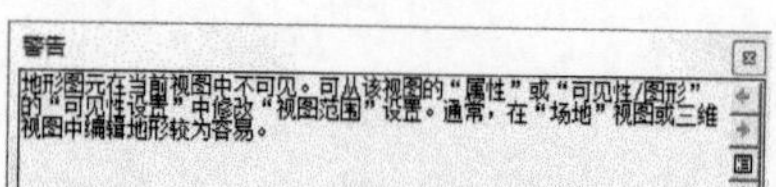

图 5-8　【警告】提示框

图 5-9　在【可见性/图形替换】对话框中勾选"地形"

2. 使用"放置点"工具

☑1）切换到"场地"视图。

①双击【项目浏览器】中的"楼层平面"。

②再双击"场地"，切换到"场地"视图，如图5-10所示。

图5-10 在【项目浏览器】中切换"场地"视图

☑2）单击功能区中【体量和场地】选项卡的【场地建模】面板的"地形表面"按钮。

☑3）单击上下文选项卡【修改|编辑表面】中的"放置点"按钮，如图5-11所示。

图5-11 单击上下文选项卡【修改|编辑表面】中的"放置点"按钮

☑ 4）在参数输入区 的"高程"处输入高程数值后（例如20000），在绘图区域点击左键依次确定点位，如图5-12所示。

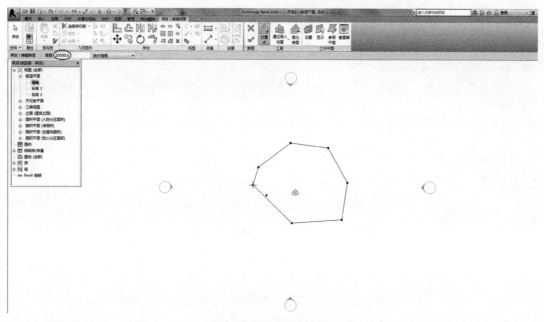

图5-12　在绘图区域确定地形点位

☑ 5）继续在参数输入区的"高程"处输入不同高程数值后（如12000、3000、–3000），在绘图区域点击左键确定点位。并重复该操作步骤，直至完成后，单击上下文选项卡【修改|编辑表面】中的"完成"按钮 ✔，如图5-13所示。

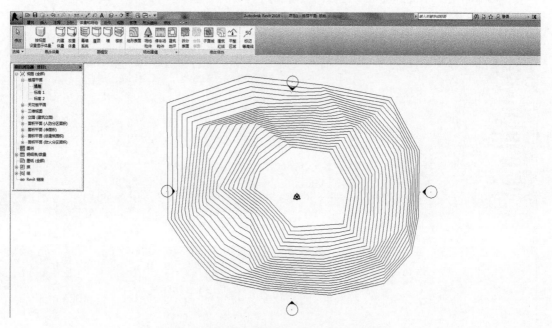

图5-13　依次输入高程并确定点位后的地形

☑ 6）在快速访问栏单击三维显示按钮 ，将视图调为三维模式（图5-14）。

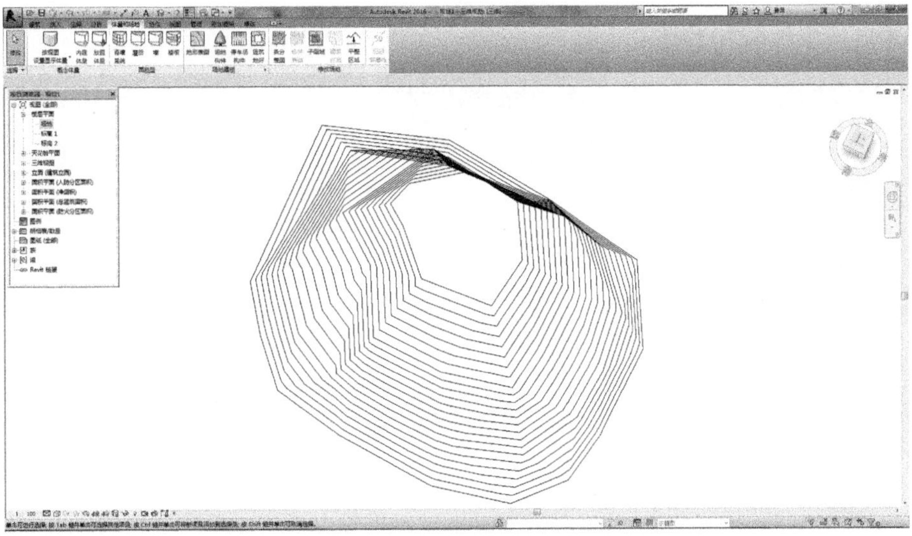

图5-14　在三维模式下的地形

实际上，这种方法由于无准确定位点，故使用很少。

5.2.2　通过导入创建地形表面

Revit支持DWG等高线数据和高程点文件（TXT格式）。

1. 导入CAD格式文件

☑ 1）单击【插入】选项卡【链接】面板中的"链接CAD"按钮 ，或者【导入】面板的"导入CAD"按钮 。

☑ 2）在弹出的【链接（或导入）CAD格式】对话框内选择已有的CAD文件，定位方式选择"自动–原点到原点"；放置方式选择"标高1"，如图5-15所示。

图5-15　选择导入CAD文件

注意：设计时，建设方通常会提供CAD格式的地形图，用户还可以用Sketch UP或者用CAD自行绘制一个地形图作为练习。

✓ 3）单击 打开(O) 按钮，将选定的用CAD绘制的等高线文件导入Revit当中，并适当进行放缩，结果如图5-16所示。

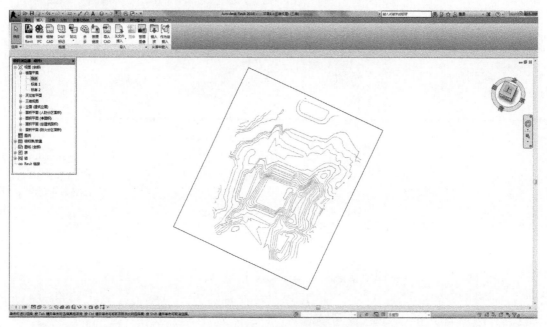

图5-16 导入Revit后的结果

✓ 4）单击功能区中【体量和场地】选项卡的【场地建模】面板的"地形表面"按钮。

✓ 5）单击上下文选项卡【修改|编辑表面】中的"通过导入创建"按钮 后，点击"选择导入实例"项，如图5-17所示。

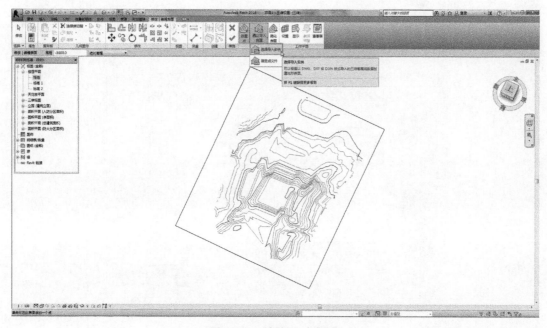

图5-17 选择导入实例项

☑ 6）在视图中单击导入的实例，在系统弹出【从所选图层添加点】对话框（图5-18）中确定要选择的图层后，单击 确定 按钮。

图5-18 【从所选图层添加点】对话框

☑ 7）单击上下文选项卡【修改|编辑表面】中的"完成"按钮 ✔，如图5-19所示。

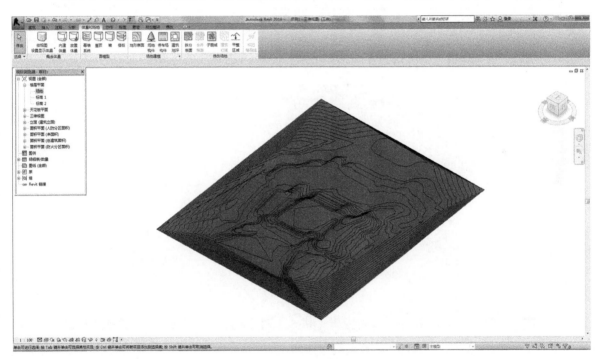

图5-19 完成后的结果

2. 导入高程文本

高程文本通常由测绘或土木工程软件（如Civil 3D）生成，多为TXT格式文件，其中主要为各控制点位的X、Y、Z坐标值。

☑ 1）单击功能区中【体量和场地】选项卡的【场地建模】面板的"地形表面"按钮。

☑ 2）单击上下文选项卡【修改|编辑表面】中的"通过导入创建"按钮 后，点击"指定点文件"项，如图5-20所示。

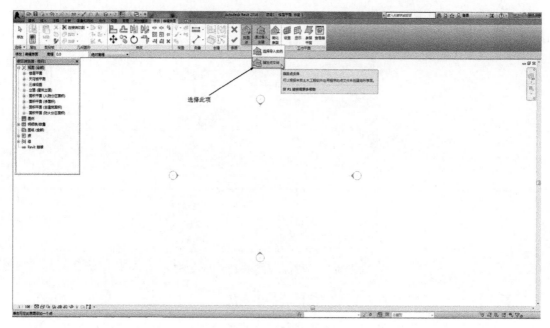

图5-20 选择指定点文件项

☑3）在弹出的【选择文件】对话框内选择已有的TXT文件，如图5-21所示。

图5-21 选择导入TXT文件

☑4）单击 打开(O) 按钮，系统弹出【格式】对话框（图5-22），主要来选择确定单位（本示例单位为"米"），单击 确定 按钮。

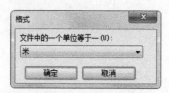

图5-22 【格式】对话框

☑5）完成后单击上下文选项卡【修改|编辑表面】中的"完成"按钮✔，并适当进行放缩（注意如果显示不全，需切换到"场地"视图），结果如图5-23所示。

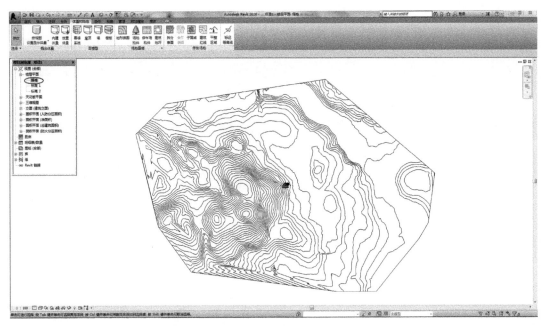

图5-23　完成后的结果

　　另外，如果条件图中只有点位的高程，而没有等高线，用户可以将带点位高程的CAD图导入后，利用"放置点"工具逐一设定高程值后，重新绘制地形，在此不再赘述。

3. 简化表面

　　地形表面上的每个点会创建三角几何图形，这样会增加计算负荷。当使用大量的点创建地形表面时，可以用简化表面工具来提高系统性能。

　　☑ 1）单击功能区中【体量和场地】选项卡的【场地建模】面板的"地形表面"按钮。

　　☑ 2）单击上下文选项卡【修改|编辑表面】中的"简化表面"按钮后，在弹出的【简化表面】对话框（图5-24）中，键入相应数值后，单击 确定 按钮。

图5-24　【简化表面】对话框

　　☑ 3）单击上下文选项卡【修改|编辑表面】中的"完成"按钮 ✔ 即可完成简化。

5.3　修改场地

5.3.1　表面编辑

　　创建地形后，有些高程需要调整时，可以使用表面编辑工具来完成。

　　☑ 1）选择已经完成的地形表面。

　　☑ 2）单击上下文选项卡【修改|地形】的【表面】面板中的"编辑表面"按钮。

　　☑ 3）在视图中选择高程点（可以采用单选、窗选以及增选和减选等），并在参数框内将高程调整，如图5-25所示。

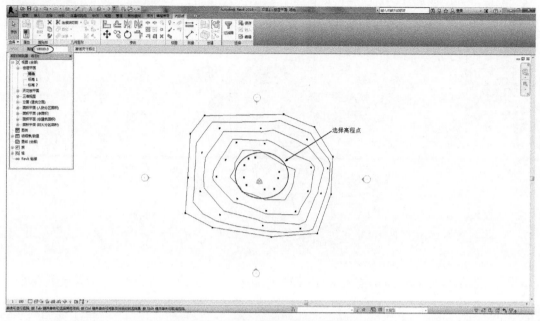

图5-25　选择高程点并修改高程值

☑4）完成后单击上下文选项卡【修改|编辑表面】中的"完成"按钮 ✔ ，则选择点位的高程被修改。

5.3.2　拆分地形

使用拆分工具可以将地形表面切割，然后分别编辑，也可以在拆分后删除地形表面的一部分。这种方法经常在创建道路等时使用。

☑1）单击功能区中【体量和场地】选项卡的【修改场地】面板中"拆分表面"按钮。

☑2）选择已经完成的地形。

☑3）在上下文选项卡【修改|拆分表面】的【绘制】面板中选择相应的工具（例如选择"直线"工具）。

☑4）根据提示在视图区域绘制相应的线（图5-26），作为拆分地形的界线。

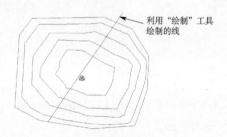

图5-26　绘制拆分线

☑5）完成后单击上下文选项卡【修改|拆分表面】的【模式】面板中的"完成"按

钮 ✅，则所选地形被新绘制的线拆分成两部分，如图5-27所示。

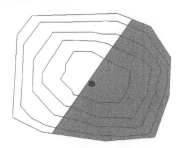

图5-27　完成拆分后的结果

5.3.3　合并地形

除了拆分，还可以将两个单独的地形表面合并为一个表面。要合并的表面必须重叠或共享公共边。

☑ 1）使用移动工具将拆分的一个地形移动（必须保证两个地形有重叠或共边），如图5-28所示。

☑ 2）单击功能区中【体量和场地】选项卡的【修改场地】面板中"合并表面"按钮 。

☑ 3）依次选择视图中的两个地形图元，注意此时在参数框区域有 ☑删除公共边上的点 选项，勾选与不勾选该项的结果不同（图5-29）。

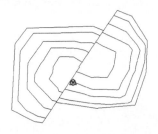

图5-28　移动拆分后的地形

勾选"删除公共边上的点"的结果

不勾选"删除公共边上的点"的结果

图5-29　合并后的地形

5.3.4　创建子面域

子面域用于在地形表面定义一个面积区域，并且可以在该区域定义不同属性（比如定义材质）。注意创建子面域不会生成单独的表面，如果要创建可独立编辑的地形表面，需使用"拆分表面"工具将该区域拆分出来。

使用子面域可以平整表面、设置道路或绘制停车场等。

☑ 1）打开或者新绘制一个地形表面。

☑ 2）单击【体量和场地】选项卡的【修改场地】面板中"子面域"按钮 。

☑ 3）在上下文选项卡【修改|创建子面域边界】的【绘制】面板中的绘制工具在地形表面上创建一个闭合区域（图5-30）。

注意：创建地形表面子面域时，应为单个的闭合环；如果创建多个闭合环，则只有第一个环用于创建子面域，其余环将被忽略。

☑ 4）单击上下文选项卡【修改|创建子面域边界】的【模式】面板中的"完成"按钮 ✔，则子面域创建完成（图5-31）。

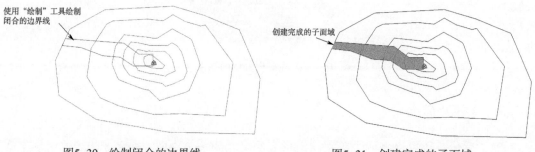

图5-30　绘制闭合的边界线　　　　　　　图5-31　创建完成的子面域

☑ 5）如果要修改子面域的边界，应单击所创建的子面域，然后再单击上下文选项卡【修改|地形】的【子面域】面板中的"编辑边界"按钮 。

选择上下文选项卡【修改|编辑边界】中相应的绘制、修改等工具进行编辑，如图5-32所示。

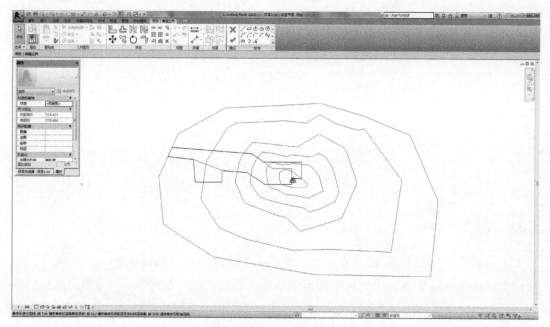

图5-32　编辑子面域的边界

☑ 6）单击上下文选项卡【修改|编辑边界】的【模式】面板中的"完成"按钮 ✔，则子面域的边界编辑完成（图5-33）。

☑ 7）选择创建的子面域，单击【项目浏览器】对话框的 属性 按钮（图5-34），激活【属性】对话框。

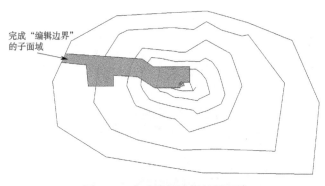

完成"编辑边界"的子面域

图5-33 完成编辑边界的子面域

单击此处

图5-34 点击"属性"按钮

如果【项目浏览器】对话框下没有 属性 按钮，可以键入PP（属性的快捷键），或者单击【视图】选项卡的【窗口】面板"用户界面"工具的小黑三角，在其下拉列表中勾选"属性"即可激活【属性】对话框，如图5-35所示。

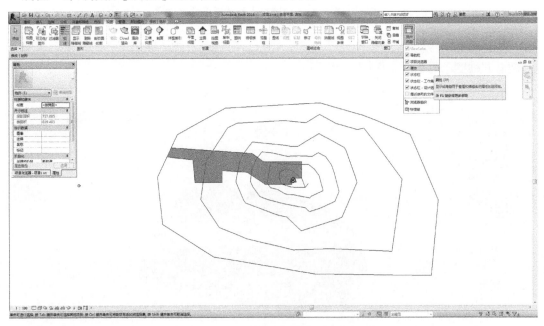

图5-35 激活【属性】对话框

☑8）单击【属性】对话框中的"材质"栏"按类别"处，激活【材质浏览器】对话框（图5-36）。

单击此处

图5-36 激活【材质浏览器】对话框

☑9）在【材质浏览器】对话框中找到"场地-碎石"材质（图5-37），单击 [确定] 按钮，则所选子面域被赋予了"碎石"材质。

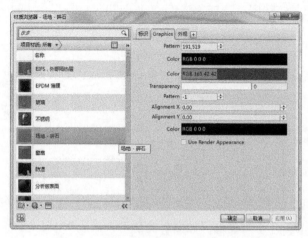

图5-37 在【材质浏览器】对话框中选择材质

☑10）单击快速访问栏的"默认三维视图"按钮 ，将视图调为三维模式，可以清楚地看到被赋予材质的子面域，如图5-38所示。

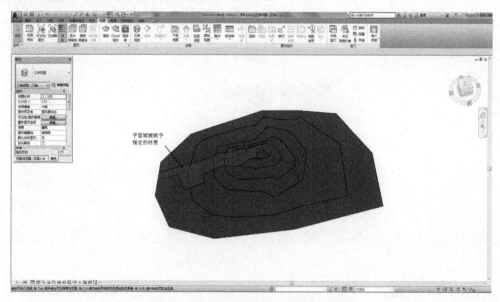

图5-38 三维模式下被赋予材质的子面域

5.3.5 建筑红线

建筑红线也称"建筑控制线"，是指城市规划管理中，控制建筑物或构筑物位置的界线。

Revit提供两种创建建筑红线的方法，一种是通过输入距离和方向角来创建；另一种是直接绘制。以下将简单介绍创建建筑红线的方法。

☑（1）激活【项目浏览器】对话框，双击"楼层平面"下的"场地"项，将视图切换到平面视图状态（默认情况下，建筑红线仅在场地平面中显示）。

☑（2）单击功能区中【体量和场地】选项卡的【修改场地】面板中"建筑红线"按钮，系统弹出【创建建筑红线】对话框，如图5-39所示。

1）如果单击"通过输入距离和方位角来创建"项，系统会弹出【建筑红线】对话框，如图5-40所示。

图5-39 【创建建筑红线】对话框　　图5-40 【建筑红线】对话框

单击 插入 按钮，插入新的行后，用户可以根据建设方提供的准确红线参数，依次将相应参数输入，然后单击 确定 按钮即可完成红线的创建。这种方法在实际工程中使用较多。

2）如果直接选择"通过绘制来创建"项，通常按如下步骤进行。

①单击【创建建筑红线】对话框中的"通过绘制来创建"选项。

②使用上下文选项卡【修改|创建建筑红线草图】的【绘制】面板中相应工具，绘制建筑红线，如图5-41所示。

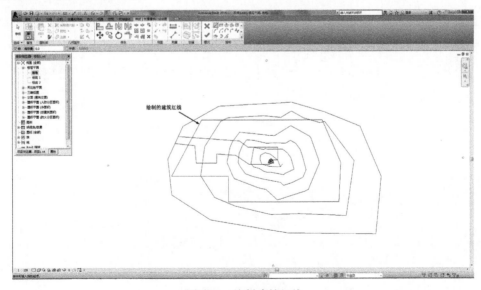

图5-41 绘制建筑红线

③绘制完成后，单击上下文选项卡【修改|创建建筑红线草图】的【模式】面板中"完成"按钮✔，建筑红线创建完成。

④完成后选择所绘制的红线，单击上下文选项卡【修改|建筑红线】的【建筑红线】面板中"编辑表格"按钮，系统会弹出【建筑红线】对话框，如图5-42所示。

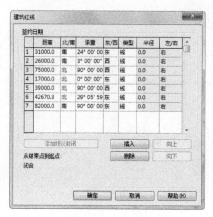

图5-42　系统弹出的【建筑红线】对话框

在该对话框中所列各项参数就是刚刚绘制的建筑红线的参数，用户可以通过修改其中的相应参数来修改建筑红线。

使用"通过绘制来创建"的方法简单直观，但初始准确度不高，需要借助修改【建筑红线】对话框的参数将其完善，在此只是介绍一下简单操作方法，在实际应用中，用户需结合实际工程案例深入学习研究。

5.3.6　平整区域

平整区域主要用于修改地形表面。在平整过程中可以增加或删除点，可以修改点的高程或简化表面。以下简单介绍一下该工具的使用情况。

☑1）绘制或者打开一个显示地形表面的场地平面。

☑2）单击【体量和场地】选项卡的【修改场地】面板 "平整区域"按钮。

☑3）系统弹出【编辑平整区域】对话框（图5-43）。

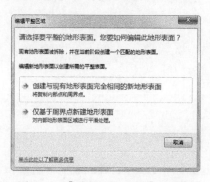

图5-43　【编辑平整区域】对话框

选择下列选项之一：

①选择"创建与现有地形表面完全相同的新地形表面"，系统将复制新的地形，原地形依然存在（并且会将原始表面标记为已拆除并生成一个带有匹配边界的副本），但此时生成的只是地形表面。

这个选择相当于在原有基础上重新绘制一个地形表面，建议用户选择此项。

②选择"仅基于周界点新建地形表面"，系统则仅对现有地形表面进行平滑处理。

☑4）选择地形表面。进入草图模式，用户可添加或删除点，修改点的高程或简化表面。

☑5）完成表面编辑后，单击上下文选项卡【修改|编辑表面】的【模式】面板中"完成"按钮 ✔ 。

如果拖曳新的平整区域，可以发现其原始表面仍被保留（图5-44）。

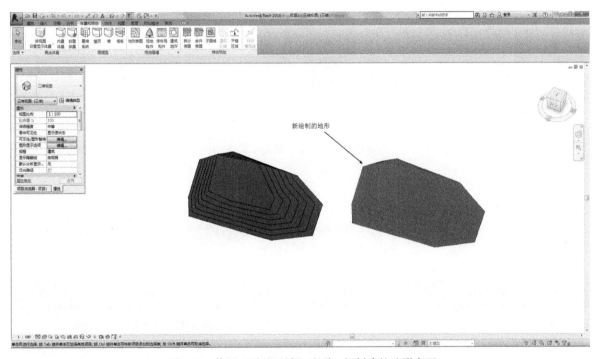

图5-44 使用"平整区域"选项—新创建的地形表面

5.3.7 标记等高线

使用该工具可以标记等高线以指示其高程并显示在场地平面视图中。具体操作方法如下：

☑1）创建一个带有不同高程的地形表面。

☑2）激活【项目浏览器】对话框，双击"楼层平面"下的"场地"项，将视图切换到平面视图状态（默认情况下，标记等高线仅在场地平面中显示）。

☑3）单击【体量和场地】选项卡的【修改场地】面板中的"标记等高线"按钮 。

☑4）绘制一条与等高线相交的线（图5-45）。

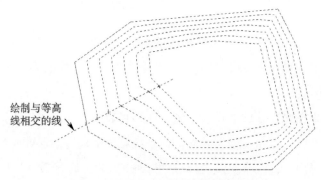

图5-45 绘制一条与等高线相交的线

☑5）单击【属性】对话框中"标记等高线"旁边的按钮（图5-46）。

☑6）在系统弹出的【类型属性】对话框中，将"文字大小"由"1.5000mm"修改为"4.5000mm"，如图5-47所示。

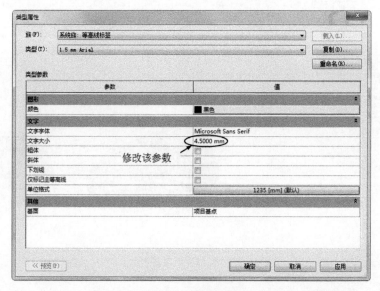

图5-46 单击【属性】对话
框中的"编辑类型"按钮

图5-47 修改【类型属性】对话框中的"文字大小"参数

☑7）单击确定按钮，关闭【类型属性】对话框，结果如图5-48所示。

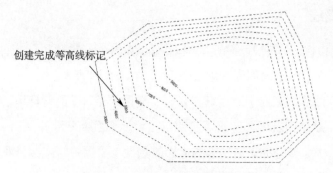

图5-48 完成的"等高线标记"

注意此处标记的是"mm"。如果用户想将其改为"m",在选择标记后,同样在【类型属性】对话框中,设定"单位格式"即可。

5.4 添加场地构件

5.4.1 建筑地坪

建筑地坪的添加是通过在地形表面(场地平面视图)绘制闭合域来完成的。使用"建筑地坪"工具可以沿已有建筑轮廓创建闭合区域,达到平整场地、测算土方量的目的,还可以在其他的地形区域创建一些场地构件,比如水池、沙坑等。

以下为具体的操作步骤。

☑1)创建或打开一个场地模型。

☑2)切换到平面视图模式。

☑3)单击【体量和场地】选项卡的【场地建模】面板中的"建筑地坪"按钮。

☑4)使用上下文选项卡【修改|创建建筑地坪边界】的【绘制】面板中相应工具,绘制建筑地坪轮廓,如图5-49所示。

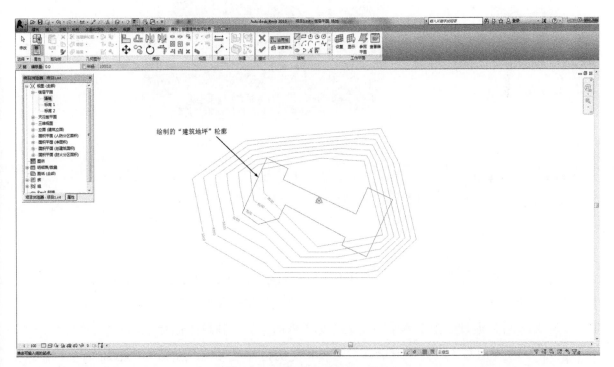

图5-49 绘制"建筑地坪"轮廓

☑5)单击上下文选项卡【修改|创建建筑地坪边界】的【模式】面板中的完成按钮 ✓,结果如图5-50所示。

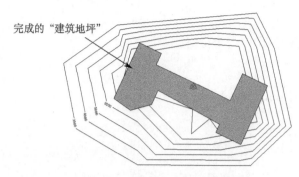

完成的"建筑地坪"

图5-50 创建完成的"建筑地坪"

☑6）单击快速访问栏的"默认三维视图"按钮，将视图调为三维模式，可以清楚地看到地形的变化，如图5-51所示。

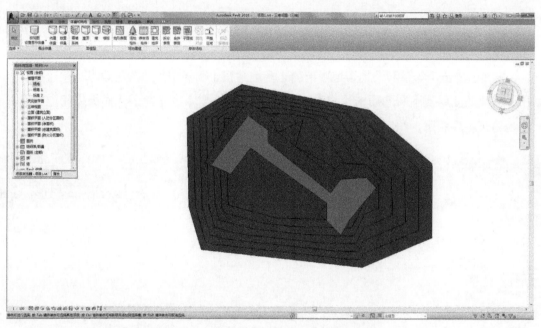

图5-51 三维模式下创建完成的"建筑地坪"

5.4.2 场地构件

Revit中提供的"场地构件"工具，可以在场地平面中放置场地专用构件如树木、人物、设备、设施等（这些构件均为构件族），来完善和丰富场地模型。

用户可以通过单击【体量和场地】选项卡的【场地建模】面板中的"建筑构件"按钮；在弹出的【属性】对话框中选择相应的构件名称后，在场地中添加即可（图5-52）；完成后按ESC键结束。

用户还可以通过上下文选项卡【修改|场地构件】的【模式】面板中的"载入族"按钮，将创建的构件族导入到当前项目中，这种方法在实际工程中应用较为普遍。

关于族的创建将在以后的章节中介绍。

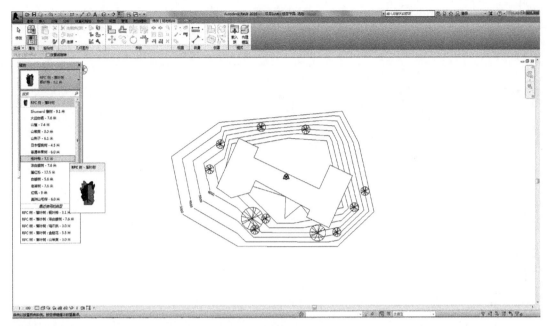

图5-52　在场地中添加 "建筑构件"

5.4.3　停车场构件

同样，用户可以通过单击【体量和场地】选项卡的【场地建模】面板中的 "停车场构件" 按钮，完成对停车场构件的添加；还可以通过上下文选项卡【修改|停车场构件】的【模式】面板中的 "载入族" 按钮，将创建的构件族导入到当前项目中，在此就不再一一赘述。

第6章

创建概念体量

概念设计是设计师从分析用户需求到生成产品的一系列有序的、有目标地设计活动，它是一个由粗到精、由抽象到具体的不断进化过程。通过设计概念可以将设计者的感性和瞬间思维上升到统一的理性思维。

建筑的概念设计离不开体量分析，建筑概念体量一般是从建筑竖向尺度、横向尺度以及形体三方面加以控制，目前被广泛应用于设计方案前期。

Revit提供了两种体量创建方法，一种是内建体量，是在项目中创建体量，这种体量用于创建项目特有的体量，仅供该项目使用，相当于CAD中的内部块命令"Block"；另一种是创建体量族，它是独立于项目的体量，可以在一个项目中多实例放置，也可以放置在其他项目中，相当于CAD中的外部块命令"Wblock"。

6.1 内建体量

6.1.1 创建实心几何图形

☑ 1）单击【体量和场地】选项卡中【概念体量】面板的"内建体量"按钮，系统弹出【名称】对话框（图6-1），单击 确定 按钮，开始创建"体量1"。

图6-1 【名称】对话框

☑ 2）选择【创建】选项卡中【绘制】面板的相应绘图工具，在绘图区域中绘制图形，并使用【修改】面板的相应工具使之形成一个闭合图形（图6-2）。

☑ 3）选择所绘制的闭合图形，单击【修改|线】上下文选项卡中【形状】面板的"创建形状"按钮（带小黑三角位置），选择 实心形状 按钮（图6-3）。

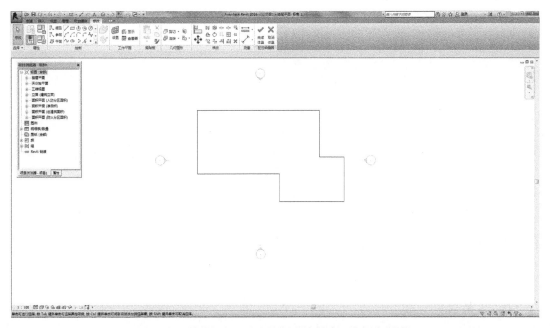

图6-2 利用相应工具在绘图区域创建一个闭合图形

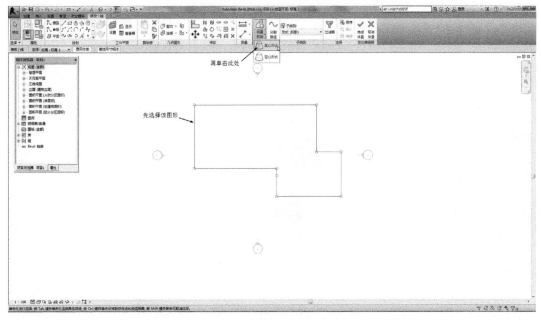

图6-3 先选择闭合图形，再选择"实心形状"按钮

☑4）单击【修改|线】上下文选项卡中【在位编辑器】面板的"完成体量"按钮，将创建一个实心形状拉伸。

☑5）在快速访问栏单击三维显示按钮，将视图调为三维模式，如图6-4所示。

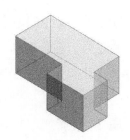

图6-4 创建体量的三维模式显示

☑6）选择已创建的体量，单击"造型操纵柄"并拖动鼠标可进行体量修改（图6-5）。

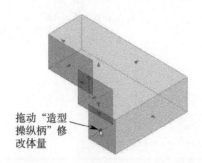

拖动"造型操纵柄"修改体量

图6-5　使用"造型操纵柄"修改体量

6.1.2　创建空心几何图形

使用该方法可以创建空心几何图形，主要用于在创建的实心几何图形上开洞。

☑1）选择所创建的实心几何图形，单击【修改|体量】上下文选项卡中【模型】面板中的"在位编辑"按钮（图6-6）。

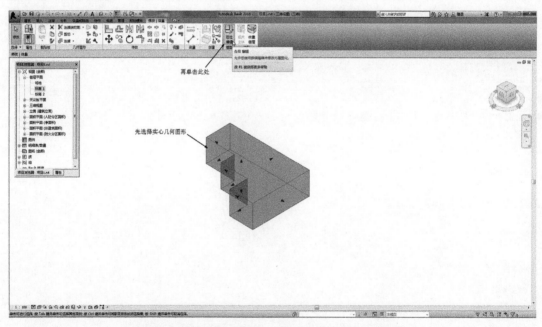

图6-6　选择实心几何体，单击"在位编辑"按钮

☑2）选择【修改】选项卡中【绘制】面板的相应绘图工具，在已经创建的体量上绘制图形，并使用【修改】面板的相应工具使之形成一个闭合图形（图6-7）。

☑3）选择所绘制的闭合图形，单击【修改|线】上下文选项卡中【形状】面板的"创建形状"按钮

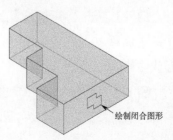

绘制闭合图形

图6-7　在实心体量上绘制闭合图形

（带小黑三角位置），选择 [空心形状]按钮（图6-8）。

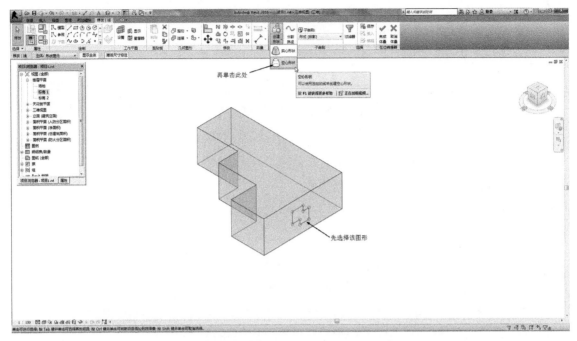

图6-8　先选择闭合图形，再选择"空心形状"按钮

☑4）空心几何图形被拉伸后，会出现一个长度标注，单击该标注后，可以通过修改数字调整几何图形的长度，如图6-9所示。

☑5）单击【修改|空心形状图元】上下文选项卡中【在位编辑器】面板的"完成体量"按钮，则完成一个空心形状拉伸，如图6-10所示。

实际上是实心几何形体被刚创建的空心几何形体剪切出一个洞口（或者槽），该操作类似于CAD中布尔运算的"Subtract"命令。

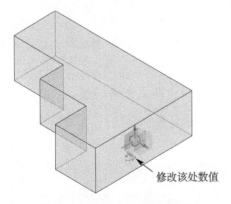

图6-9　修改空心几何图形长度

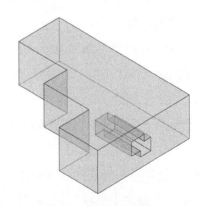

图6-10　完成后的结果

使用该方法（选择体量，进行在位编辑）可以在体量上反复增加实心几何图形或者用空心几何图形进行剪切，直至用户得到所需要的体量。

6.1.3 其他操作

以上只是进行了闭合图形的拉伸创建，类似于CAD的 "Extrude" 命令。以下将讲述一些其他体量的创建。

1. 线条的拉伸创建

这里只是简单介绍一些线条的拉伸创建方法，对于体量的创建应用仅起到辅助作用。

☑ 1）重新创建一个新体量（关闭Revit后重新启动，或者新建一个项目），单击【体量和场地】选项卡中【概念体量】面板的 "内建体量" 按钮，系统弹出【名称】对话框后，单击 ▣▣▣ 按钮，开始创建体量。

☑ 2）选择【创建】选项卡中【绘制】面板的直线绘图工具，在绘图区域中绘制一条直线，并按ESC键终止绘制命令。

☑ 3）选择所绘制的直线，单击【修改|线】上下文选项卡中【形状】面板的 "创建形状" 按钮（带小黑三角位置），选择 ▣▣▣▣ 按钮。

☑ 4）单击【修改|线】上下文选项卡中【在位编辑器】面板的 "完成体量" 按钮，则直线被拉伸为面，结果如图6-11所示。

直线被拉伸

图6-11　直线被拉伸的结果

☑ 5）选择所创建的几何图形，单击【修改|体量】上下文选项卡中【模型】面板中的 "在位编辑" 按钮。

☑ 6）用户可以依次绘制弧线、多边形、椭圆、圆（有球体和圆柱的选择）等图形进行上述操作练习，在此不一一赘述。

由此可以看出，不闭合的线条将变成面，闭合区域将被创建为实心体，而空心几何图形只是为剪切实心几何图形。这一点用户一定要牢记。

2. 创建旋转体

Revit除了可以将形体拉伸外，还可以创建以绘制的闭合区域为母线，以绘制的线条为转动轴的旋转体，类似于CAD的 "Revolve" 命令。

☑ 1）重新创建一个新体量（关闭Revit后重新启动，或者新建一个项目），单击【体量和场地】选项卡中【概念体量】面板的 "内建体量" 按钮，系统弹出【名称】对话框后，单击 ▣▣▣ 按钮，开始创建体量。

☑ 2）选择【创建】选项卡中【绘制】面板的相应绘图工具，在绘图区域中绘制图形，并使用【修改】面板的相应工具使之形成一个闭合图形，然后绘制一条直线（图6-12）。

☑ 3）选择所绘制的图形（包括闭合图形和直线），单击【修改|线】上下文选项卡中【形状】面板的 "创建形状" 按钮（带小黑三角位置），选择 ▣▣▣▣ 按钮，结果如图

6-13所示。

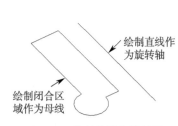

图6-12　绘制母线和旋转轴

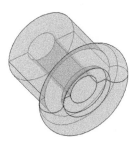

图6-13　完成的旋转体

3. 创建放样融合体量

放样融合是将一组不同高度的二维图形形成复杂的三维对象。以下是关于放样融合的基本操作。

☑ 1）关闭Revit后重新启动，或者新建一个项目，双击【项目浏览器】中的"立面"中的"东"选项，将视图切换到"东立面"（图6-14）。

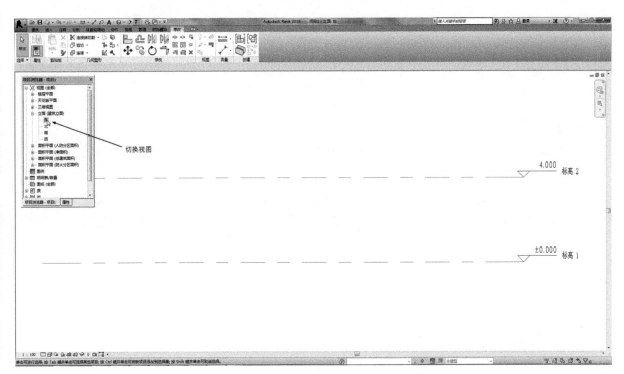

图6-14　切换到立面视图

☑ 2）选择"标高2"位置的虚线，单击上下文选项卡【修改|标高】中【修改】面板的 按钮（或者键入复制的快捷键CO），并且勾选"多个"，如图6-15所示。

☑ 3）然后沿着竖直方向依次拖动鼠标在适当位置单击（此时还可以通过键盘键入数值），则标高复制完成，结果如图6-16所示。

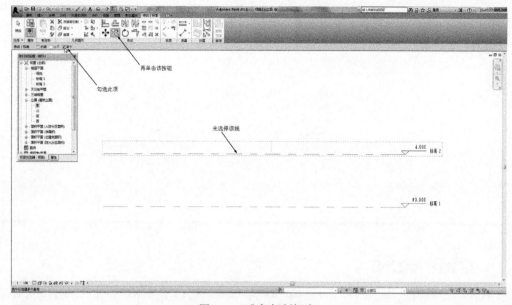

图6-15　准备复制标高

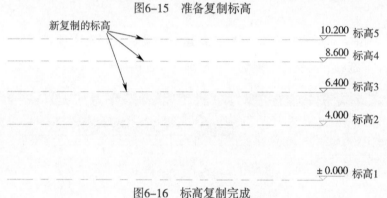

图6-16　标高复制完成

☑4）单击【视图】选项卡中【创建】面板的"平面视图"按钮▦，选择"楼层平面"项（图6-17）。

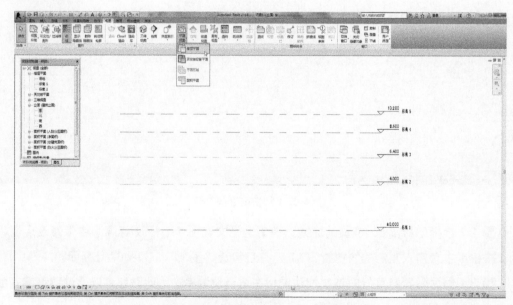

图6-17　选择"楼层平面"项

✅5）在系统弹出的【新建楼层平面】对话框中，按 Ctrl 键选择所列标高名称（图6-18），单击 确定 按钮，【项目浏览器】中会添加所复制的标高。

✅6）双击【项目浏览器】中"标高1"，将视图切换到标高1视图，单击【体量和场地】选项卡中【概念体量】面板的"内建体量"按钮，系统弹出【名称】对话框后，单击 确定 按钮，开始创建体量。

✅7）选择【创建】选项卡中【绘制】面板的相应绘图工具，在绘图区域中绘制图形，如图6-19所示。

图6-18　选择所列标高名称

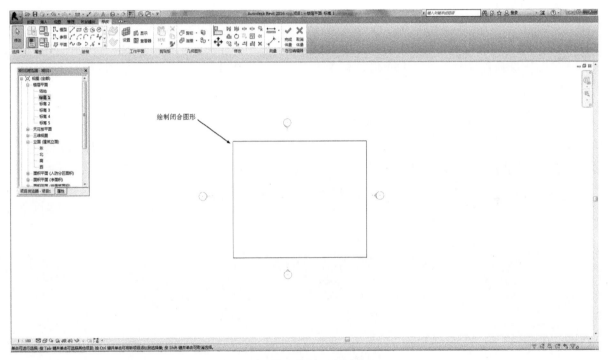

图6-19　绘制闭合图形

✅8）采用同样的方法分别在"标高2""标高3""标高4""标高5"绘制闭合图形（用户可自行决定闭合图形的形状），完成后在快速访问栏单击三维显示按钮，将视图调为三维模式，如图6-20所示。

✅9）选择所绘制的闭合图形，单击【修改|线】上下文选项卡中【形状】面板的"创建形状"按钮（带小黑三角位置），选择 实心形状 按钮，然后单击【修改】选项卡中【在位编辑器】面板的"完成体量"按钮，则实心形状放样完成（图6-21）。

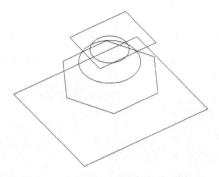
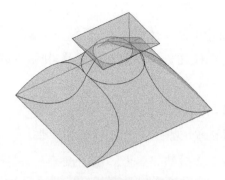

图6-20 在不同标高绘制的闭合图形　　　图6-21 放样完成的体量

注意，前面之所以进行标高复制，是为了创建不同高度的闭合图形。另外，如果用户在实际操作中无法完成上述操作，有可能是标高设置太大或者绘制的闭合图形过小。

4. 体量调整

☑（1）移动元素的坐标位

1）按照之前讲述的方法创建一个长方体的实心几何体量。

2）选择该体量，单击【修改|体量】上下文选项卡中【模型】面板中的 按钮，进行在位编辑。

3）使用复制命令将长方体复制多个。

4）选择体量的一条边（或点），选择后会出现三维坐标系（可以按 TAB 键依次选择与其相关联的线或面），当鼠标放在X、Y或Z方向坐标上，该方向箭头变为亮显，此时按住鼠标并拖曳，可以在该方向移动所选择的点、线、面（图6-22）。

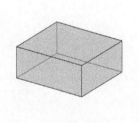
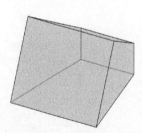
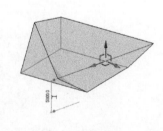

图6-22 修改体量元素

另外，选择体量元素后会出现一些尺寸显示，修改其中的数值也可以改变其造型。

☑（2）透视　透视用于显示形状的骨架，可以编辑形状的几何元素（点、线、面等）来调整其形状。以下为具体操作步骤。

1）选择一个已经创建的体量。

2）单击【修改|体量】上下文选项卡中【模型】面板中的"在位编辑"按钮 。

3）重新选择该体量，单击【修改|形式】上下文选项卡的【形状图元】面板中的"透视"按钮 ，所选体量会显示其几何图形和节点（图6-23）。

4）选择体量的形状任意图元，在出现三维坐标后拖曳鼠标可以重新定位节点和线。也可以在透视模式中添加和删除轮廓、边和顶点，以达到重新调整其形状。

图6-23　透视模式下的体量

5）完成后选择修改完成的体量，并单击【修改|形式】上下文选项卡的【形状图元】面板中的"透视"按钮，可以返回到默认的编辑模式（即关闭"透视"模式）。

此外，还可以通过编辑绘图区域中的临时尺寸标注，来修改拉伸的尺寸标注。

☑（3）在体量中添加边　创建体量过程中，有时自动创建的边缘不能满足编辑需要，就通过在体量中添加边来更改体量的几何造型。

1）选择一个已经创建的体量（比如长方体）。

2）单击【修改|体量】上下文选项卡中【模型】面板中的"在位编辑"按钮。

3）重新选择该体量，单击【修改|形式】上下文选项卡的【形状图元】面板中的"添加边"按钮，然后在体量的适当位置添加边，如图6-24所示。

4）按 TAB 键选择相应的线或面，按住鼠标并沿亮显的X、Y或Z方向坐标拖曳，则体量形状被调整，结果如图6-25所示。

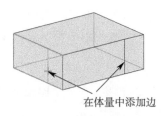

在体量中添加边

图6-24　在体量中添加边

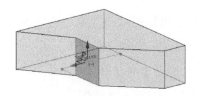

图6-25　调整体量形状

5）完成后单击【修改|形式】上下文选项卡的【在位编辑器】面板中的"完成体量"按钮，则新体量修改完成。

☑（4）在体量中添加轮廓

1）选择一个已经创建的体量（比如长方体）。

2）单击【修改|体量】上下文选项卡中【模型】面板中的"在位编辑"按钮。

3）重新选择该体量，单击【修改|形式】上下文选项卡的【形状图元】面板中的"透视"按钮，将所选体量的节点显示。

4）单击【修改|形式】上下文选项卡的【形状图元】面板中的"添加轮廓"按钮，然后在体量的适当位置添加轮廓，如图6-26所示。

注意：生成的轮廓平行于最初创建形状的几何形状，垂直于拉伸的轨迹中心线。

5）选择相应的线或面，按住鼠标并沿亮显的X、Y或Z方向坐标拖曳，则体量形状被调整（图6-27）。

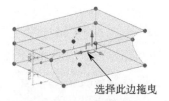

图6-26　在体量中添加轮廓　　　　图6-27　调整体量形状

6）完成后，单击【形状图元】面板中的"透视"按钮⚇，关闭透视模式；然后单击【修改|形式】上下文选项卡的【在位编辑器】面板中的"完成体量"按钮⚒，则新体量修改完成（图6-28）。

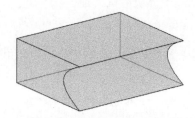

图6-28　调整完成的体量形状

该操作中之所以先选择"透视"模式，主要是为了能够清晰看到添加的轮廓边界。

☑（5）使用融合重新创建体量　融合工具可以删除形状的所有表面，仅保留其曲线，这样用户就可以修改曲线重新创建新体量，以下就以刚刚使用添加轮廓修改的体量为例，简单介绍该工具的操作步骤。

1）选择已经创建的体量；单击【修改|体量】上下文选项卡中【模型】面板中的"在位编辑"按钮⚒。

2）重新选择该体量，单击【修改|形式】上下文选项卡的【形状图元】面板中的"融合"按钮⚒，则该体量的表面被删除，仅余下其轮廓曲线（图6-29）。

3）单击曲线的元素（点或线），并用鼠标拖曳调整曲线的形状（图6-30）。

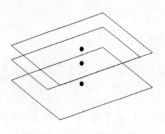

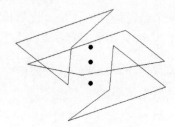

图6-29　融合后的结果　　　　　图6-30　调整曲线形状

4）选择调整后的曲线，单击【形状】面板的"创建形状"按钮（带小黑三角位置），选择 实心形状 按钮。

5）单击【修改】选项卡的【在位编辑器】面板中的"完成体量"按钮⚒，则新的体量创建完成（图6-31）。

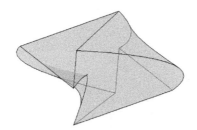

图6-31　新创建的体量

如果用户对造型不满意，可以按 Ctrl + Z 键取消操作，也可以再次使用融合命令，将其表面去除，并修改曲线轮廓，然后重新创建。

5.编辑体量分割面

在概念设计中，对于已经创建的体量，有时需要对某个表面进行网格划分处理，可以使用"分割表面"工具来完成。

☑ 1）选择已经创建的体量；单击【修改|体量】上下文选项卡中【模型】面板中的"在位编辑"按钮。

☑ 2）重新选择该体量的一个表面（可以按 TAB 键依次筛选），如图6-32所示。

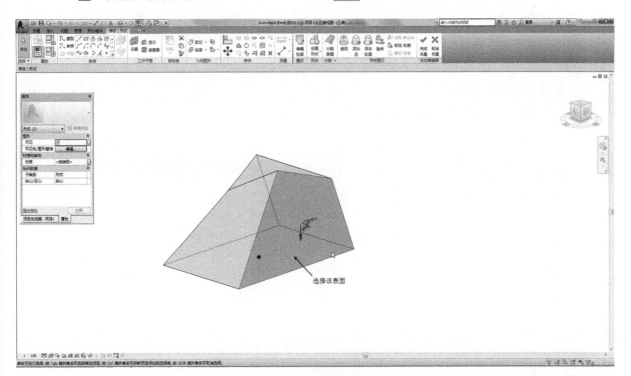

图6-32　选择体量的表面

☑ 3）单击【修改|形式】上下文选项卡的【分割】面板中的"分割表面"按钮，则该表面被网格化处理（图6-33）。

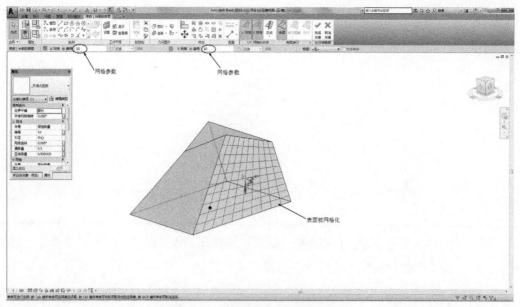

图6-33　选择的表面被网格化处理

用户可以通过在参数框内修改数据，来确定网格数的多少；另外可以通过单击【修改|分割的表面】上下文选项卡的【UV网格和交点】面板中的按钮▦或▦，分别关闭（或开启）U网格或V网格；还可以通过单击【修改|分割的表面】上下文选项卡的【表面表示】面板中的"表面"按钮▦，将U、V网格全部关闭或打开。

通常三维空间中的位置是基于 XYZ 坐标系，可全局性地应用于建模空间或工作平面。但是，如果表面不一定是平面时，需采用 UVW 坐标系，针对非平面表面或形状的等高线进行调整。UV 网格用在概念设计环境中，相当于 XY 网格。

☑4）单击【属性】浏览器中的"编辑类型"，在弹出的【类型属性】对话框中，选择相应的"族类型"（如菱形棋盘），如图6-34所示。

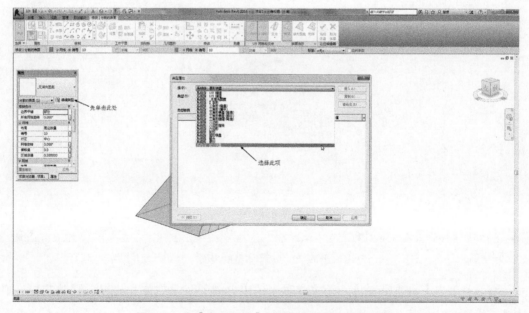

图6-34　在【类型属性】对话框中选择"族类型"

☑5）完成后，单击 ▭确定▭ 按钮，结果如图6-35
所示。

☑6）单击【修改|分割的表面】上下文选项卡的
【在位编辑器】面板中的"完成体量"按钮⌘，体量
分割面编辑完成。

图6-35　完成后的结果

6.2　创建体量族

体量族与内建体量的创建方法基本相同，但内建体量只能随项目保存，因此使用时
具有一定的局限性；体量族则可以单独保存为族文件，随时可以载入到项目中，而且在
族空间中预设垂直的参照面和三维标高等工具，比内建体量更加方便。

6.2.1　选择模板

☑1）重新启动Revit后，单击"族"选项的"新建概念体量"选项，如图6-36所示。

图6-36　选择"新建概念体量"选项

☑2）系统弹出【新概念体量-选择样板文件】对话框，选择"公制体量.rft"（图
6-37）后，单击 ▭打开(O)▭ 按钮，进入体量创建环境。

图6-37 选择"公制体量.rft"

6.2.2 创建标高平面

"公制体量.rft"样板文件提供了基本标高平面和两个相互垂直于标高平面的参照平面。这几个平面可以理解为X、Y、Z平面，3个平面的交点可以理解为坐标原点。

创建概念体量，需先创建标高平面、参照平面、参照点等，然后再在相应平面中创建草图轮廓，以下就介绍一下其具体操作步骤。

☑1）选择"公制体量.rft"后，进入体量创建环境（图6-38）。

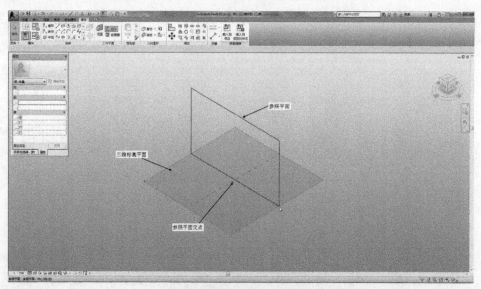

图6-38 进入体量创建环境

☑2）单击【创建】选项卡下的【基准】面板中的"标高"按钮，如图6-39所示。

☑3）将鼠标移动到三维标高平面的上方，拖动鼠标后在其下方出现间距显示，单击左键即可完成标高设定，也可以直接键入数值后按回车键（如"15000"表示高度为15m）。该示例输入"15000"回车后，又输入"12000"，表示连续创建了2个标高（图6-40）。

☑4）标高输入后按回车键，然后按ESC键结束，结果如图6-41所示。

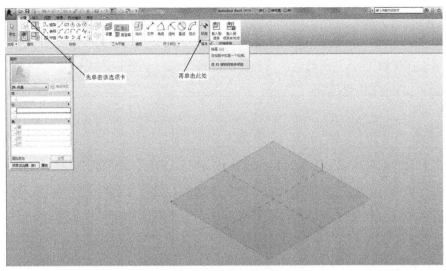

图6-39 选择标高按钮

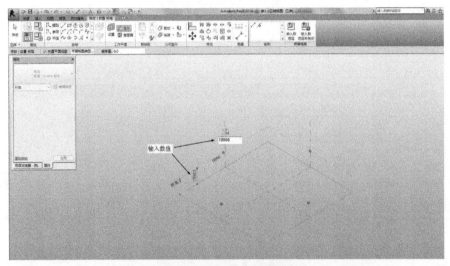

图6-40 输入数值创建标高

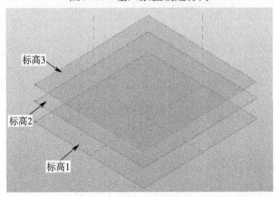

图6-41 创建完成的结果

如果要修改某个平面的标高，可以先选择该标高平面，将会出现临时标注尺寸，修改临时标注尺寸的数值即可改变该标高平面。

这种方法对于只创建一个标高平面的效果很好，而对于同时创建了多个标高平面则不是很方便，因为众多标高相互关联，修改一处可能会影响其他标高。这时可以将其他标高锁定（快捷键PN），再进行修改，然后将锁定的标高解锁（快捷键UP）；或者直接将标高删除，重新创建新标高。

6.2.3 设置工作平面

工作平面的设置在创建体量时非常重要，类似于CAD中的"UCS"命令。

常用方法为：单击【创建】选项卡下的【工作平面】面板中的"设置"按钮，然后选择标高平面或者构件表面或者线条的特殊点即可完成当前工作面的设置；然后单击【创建】选项卡下的【工作平面】面板中的"显示"按钮，将所选工作面显示。

☑1）选择创建的标高1平面。

☑2）单击【创建】选项卡下的【工作平面】面板中的"设置"按钮，然后单击【创建】选项卡下的【工作平面】面板中的"显示"按钮，将标高1工作面显示，如图6-42所示。

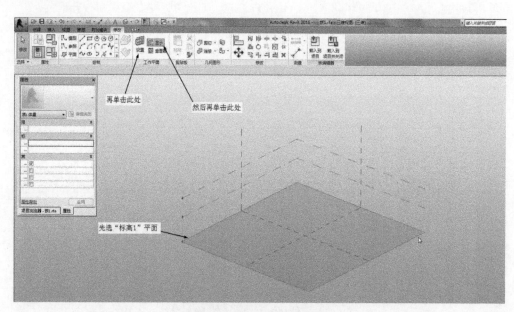

图6-42 设置并显示工作平面

☑3）单击【修改】选项卡下的【绘制】面板中的"起点–终点–半径弧"按钮，在工作面内绘制一条弧线。按两次ESC键结束命令。

☑4）单击【创建】选项卡下的【工作平面】面板中的"设置"按钮，然后拖动鼠标至弧线的端点（图6-43）。则该端点被设置为新的工作平面，如图6-44所示。

☑5）推动鼠标滚轮，将新工作平面放大，然后单击【修改】选项卡下的【绘制】面板中的"矩形"按钮，在工作面内绘制一个矩形。按两次ESC键结束命令。

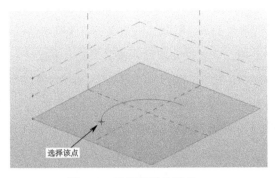

图6-43 选择弧线的端点

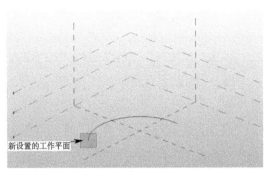

图6-44 设置弧线的端点为新工作平面

☑ 6）选择矩形（按TAB键筛选），按Ctrl键增选弧线，然后单击上下文选项卡【修改|线】中【形状】面板的"创建形状"按钮（带小黑三角位置），选择实心形状按钮，如图6-45所示。

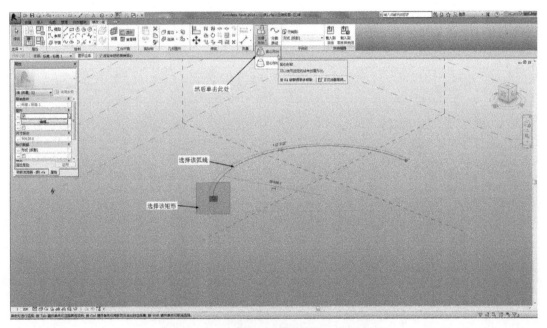

图6-45 选择矩形和弧线创建实心形状

则矩形会沿着所选弧线进行实心体创建（图4-46）。

该操作一方面学习工作平面的设置方法，另外也简单介绍了放样的基本操作，类似于CAD中的"Loft"命令。

此外，如果用户想在路径中多放置几个参照面，可以单击【修改】选项卡下的【绘制】

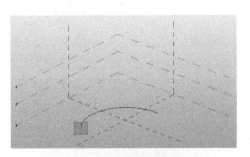

图6-46 完成后的结果

面板中的"点图元"按钮，在曲线上绘制点，则所绘制的点可设置为工作平面。

6.2.4 创建体量

体量的创建与前面所讲述的内建体量完全相同，以下就简单看一下其操作步骤。

☑ 1）删除已经完成的图形，按之前所述方法，分别在标高1、标高2、标高3相应位置绘制矩形（此处只是演示一下操作步骤，因此图形未确定指定尺寸）。

☑ 2）选择所绘制的图形，单击【修改|线】上下文选项卡中【形状】面板的"创建形状"按钮（带小黑三角位置），选择 按钮（图6-47），结果如图6-48所示。

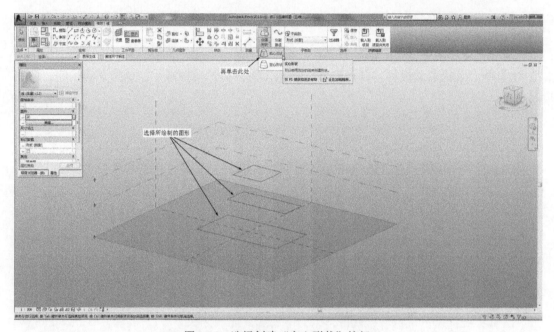

图6-47　选择创建"实心形状"按钮

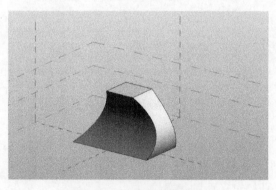

图6-48　创建完成的结果

6.2.5 体量的使用

对于创建完成的体量族，用户可以单独建立相应目录，将其保存为族文件，以备将来使用；还可以单击【修改】选项卡中【族编辑器】面板的"载入到项目"按钮 或者"载入到项目并关闭"按钮 ，将当前所创建的体量族载入到当前所进行的项目当中。

第7章

体量分析与明细表

体量创建完成后，关于模型的可行性通常应当进行相关分析和统计，以获取最佳方案设计。对于体量分析，一方面可以借助于其他软件，如Ecotect analysis，在其中建立体量进行相关分析，然后将模型转换到Revit中；另一方面是在Revit中创建体量，然后导入相关软件（如Ecotect analysis）中进行分析，或者上传到云端，借助相关合约（如Autodesk Subscription）进行分析评测。

本章主要介绍在Revit中创建体量后的相关分析。

7.1 体量模型分析

本节将简单介绍在Revit中创建体量后进行能量分析的基本步骤。

7.1.1 创建基本体量模型

体量的创建方法分内建体量和创建体量族，在前一章中已经介绍过，这里使用内建体量的方法创建一个简单模型来进行下一步的分析。

☑ 1）启动Revit后，单击【体量和场地】选项卡中【概念体量】面板的"内建体量"按钮，系统弹出【名称】对话框后，单击 确定 按钮，开始创建"体量1"。

☑ 2）选择【创建】选项卡中【绘制】面板的相应绘图工具，在绘图区域中绘制图形，并使用【修改】面板的相应工具使之形成一个闭合图形。

☑ 3）选择所绘制的闭合图形，单击【修改|线】上下文选项卡中【形状】面板的"创建形状"按钮（带小黑三角位置），选择 实心形状 按钮。

☑ 4）单击【修改|线】上下文选项卡中【在位编辑器】面板的"完成体量"按钮，将创建一个实心形状拉伸。

☑ 5）在快速访问栏单击三维显示按钮，将视图调为三维模式，如图7-1所示。

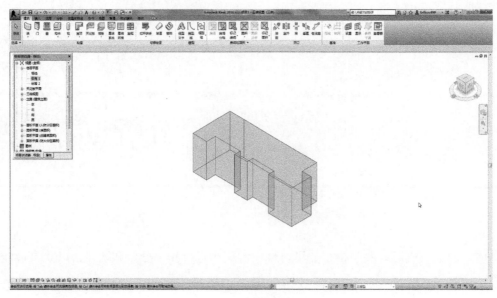

图7-1　创建体量模型

7.1.2　体量分析

从最初的概念阶段一直到详细设计阶段，均应对建筑设计执行能量分析，以确保设计出最高效节能的建筑。前面提过，可以将体量模型以常见格式（gbXML、DOE2模拟引擎、Energy Plus等）导入第三方应用程序进一步分析。也可以利用Revit中的分析模块或者一些插件来完成体量分析。

Revit 2016中的分析模块主要是用于能量分析（Energy Analysis），该附加模块与Green Building Studio 的分析相关联，但需借助Autodesk Subscription合约（付费模式）上传到云端进行分析评测。

因此，在这里只是简单介绍一下其操作步骤。

☑ 1）体量创建完成后，可以单击【分析】选项卡，选择【能量分析】面板中的"能量设置"按钮，系统弹出【能量设置】对话框，如图7-2所示。

☑ 2）设置对话框中的相应项，然后单击 确定 按钮，关闭该对话框。

☑ 3）单击【能量分析】面板中的"显示能量模型"按钮，可以将设定的信息在体量中显示（由于本示例未做详细构件划分，所以此时单击"显示能量模型"按钮，仅显示了体量的轮廓）。

☑ 4）单击【能量分析】面板中的"运行能量仿真"按钮，可创建能量分析模型，并将其显示在与

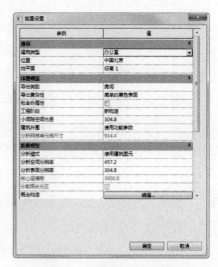

图7-2　【能量设置】对话框

Revit关联的环境中（这里需要有效的合约方式）。

✓5）仿真完成后，单击【能量分析】面板中的"结果和比较"按钮，进行相应的分析比较，从而得到用户满意的体量结果。

以上操作只是简单介绍了一个流程，对于真实的项目操作需要将体量模型进行相对细致的划分，包括屋顶、墙体、门窗、幕墙等，而且需有有效的Subscription合约（付费模式）方能进行分析评测。

7.2　放置体量与体量楼层创建

对于复杂形体，在体量分析过程中，可以将多个体量放置到一个项目中将其综合处理，然后再进行深入研究。

7.2.1　放置体量

体量包括内建体量和体量族两种类型，如果在项目中使用"内建体量"工具创建的体量模型，可以直接使用"面模型"工具；如果使用体量族创建的概念体量，则需要利用"放置体量"工具将其载入项目中。以下来综合看一下其具体操作步骤。

✓1）使用"内建体量"工具创建一个简单体量。

✓2）单击【体量和场地】选项卡的【概念体量】面板中的"放置体量"按钮，系统弹出对话框（图7-3）。

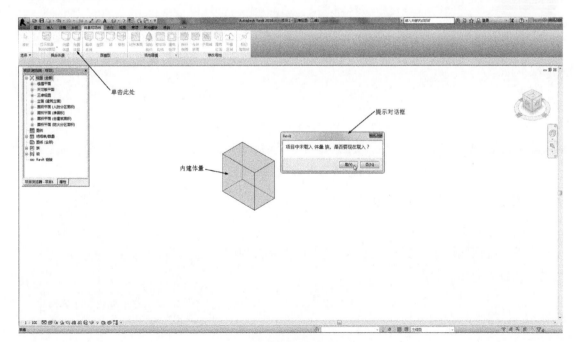

图7-3　单击"放置体量"按钮

✅ 3）单击提示对话框中的 [是(Y)] 按钮，系统弹出【载入族】对话框，如图7-4所示。

图7-4 【载入族】对话框

✅ 4）选择相应的文件夹中的族，单击 [打开(O)] 按钮，所选的族被载入到当前项目中（图7-5）。

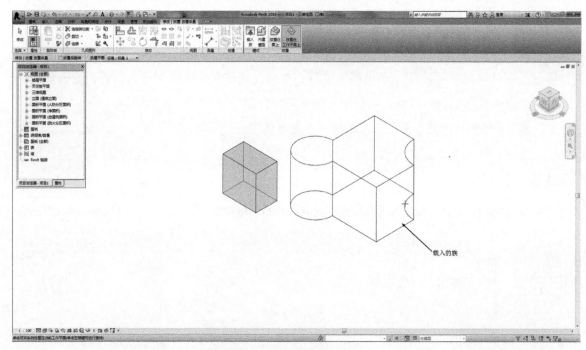

图7-5 载入族到当前项目中

✅ 5）移动族位置与内建体量相交（图7-6）。

✅ 6）选择两个体量，选择上下文选项卡【修改|体量】的【几何图形】面板下"剪切"中的"剪切几何图形"工具，如图7-7所示。

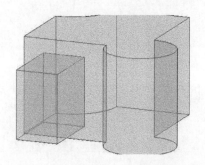

图7-6 移动族位置与内建体量相交

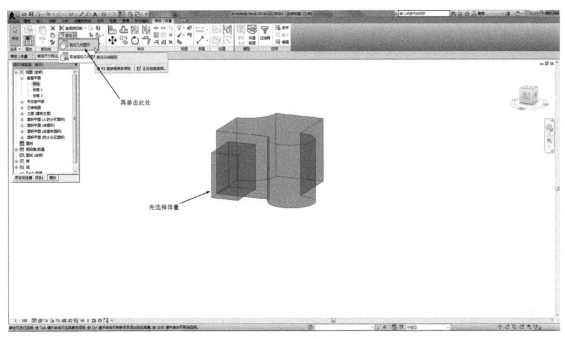

图7-7 选择"剪切几何图形"工具

☑7）根据提示首先选择体量族，然后选择内建体量（长方体），结果如图7-8所示。

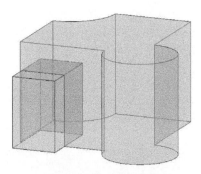

图7-8 剪切后的结果

通过以上操作，一方面用户可以发现在项目中内建体量与体量族没有区别，只是创建方法的不同；另一方面可以明确"剪切几何图形"工具实际上是从一个体量中减去另一个体量，与CAD中的"Subtract"很相似，对于复杂体量可以运用类似于CAD中的布尔运算来逐步创建。同理，如果选择"连接几何图形"工具，则与CAD中的"Union"类似。

7.2.2 创建体量楼层

如果建筑形体的层数超过一层，通常需要将体量进行楼层划分，以便于更细致、准确地进行分析研究。

1. 标高设定

☑1）单击【项目浏览器】中"立面"选项，将视图切换到立面模式（图7-9）。

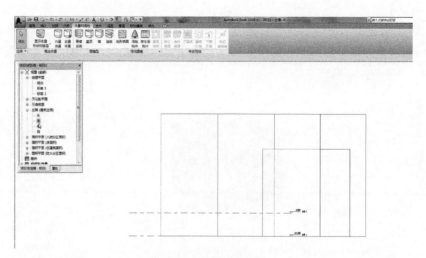

图7-9　切换视图模式

☑2）调整标高范围。

①单击"标高"位置，激活标高标注模式（图7-10）。

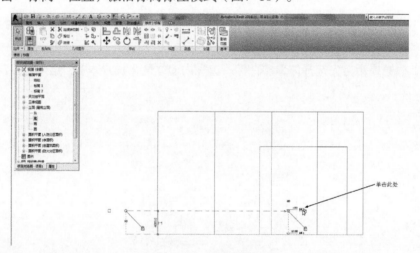

图7-10　激活标高标注模式

②选择标高标注端点，如图7-11所示。

③拖曳鼠标至合适位置，结果如图7-12所示。

☑3）单击标高数值位置并修改标高（如4500），如图7-13所示。

☑4）选择修改后的"标高2"，选择上下文选项卡【修改|标高】的【修改】面板下"复制"工具按钮 ，将标高依次向上复制，复制数值均为"4500"，完成后按 ESC 键结束，结果如图7-14所示。

☑5）单击【视图】选项卡【创建】面板的"平面视图"中的"平面视图"工具按钮 ，如图7-15所示。

☑6）在弹出【新建楼层平面】对话框中，按 Ctrl 键选择楼层平面名称（图7-16），并单击 确定 按钮，则"标高3""标高4""标高5"楼层平面创建完成。

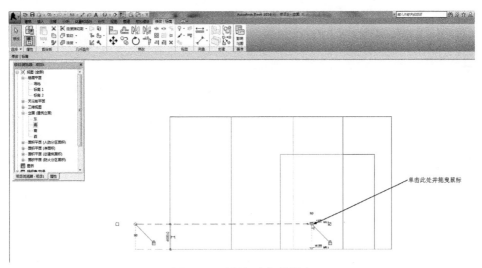

图7-11 选择标高标注端点

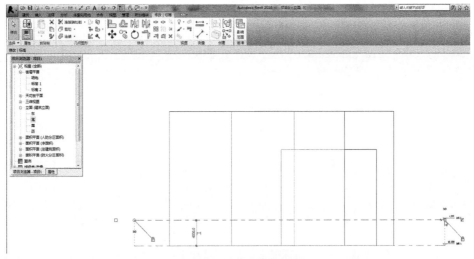

图7-12 调整后的结果

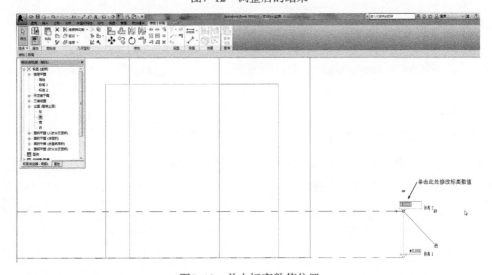

图7-13 单击标高数值位置

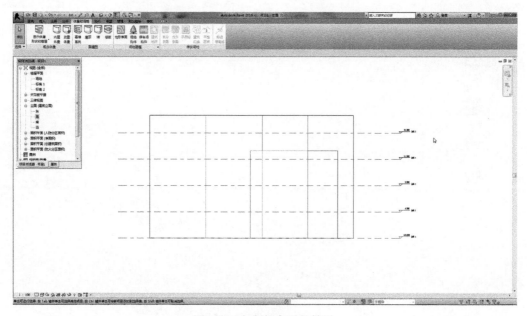

图7-14 复制标高后的结果

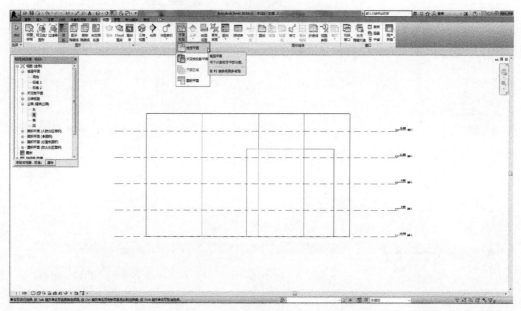

图7-15 选择"平面视图"工具

2. 创建楼层

☑1）单击快速访问栏的 按钮，切换到三维视图模式。

☑2）选择体量模型，单击上下文选项卡【修改|体量】的【模型】面板中的"体量楼层"按钮，如图7-17所示。

图7-16 选择"楼层平面"

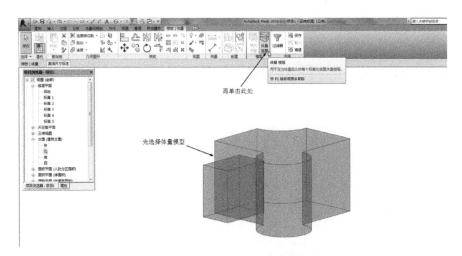

图7-17 选择体量，单击"体量楼层"按钮

☑ 3）在系统弹出的【体量楼层】对话框中将所有楼层名称勾选（图7-18）。

图7-18 勾选楼层名称

☑ 4）单击 确定 按钮关闭对话框，则体量分别在"标高1""标高2""标高3""标高4""标高5"处创建楼层，结果如图7-19所示。

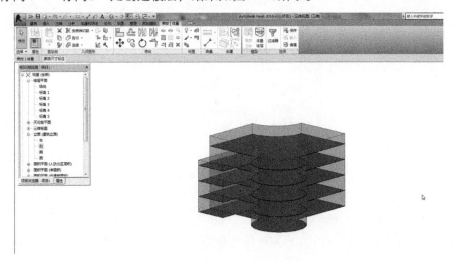

图7-19 楼层创建完成后的结果

7.3　明细表的创建

明细表是显示项目中各类型图元属性信息的列表。这些信息是从项目中的图元属性中提取并以表格形式显示。

7.3.1　创建明细表

☑1）单击【视图】选项卡。

☑2）选择【创建】面板的"明细表"按钮中的小黑三角，选择"明细表/数量"项（图7-20）。

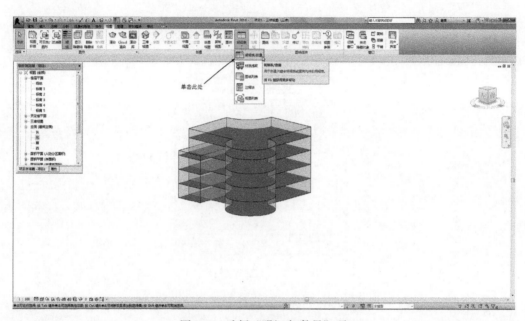

图7-20　选择"明细表/数量"项

☑3）在系统弹出【新建明细表】对话框中，选择"体量楼层"，如图7-21所示。

图7-21　选择"体量楼层"项

☑4）单击 确定 按钮后，系统弹出【明细表属性】对话框，在"可用的字段"栏中按Ctrl键选择相应的列表名称，然后单击"添加"按钮 添加(A) --> ，如图7-22所示。

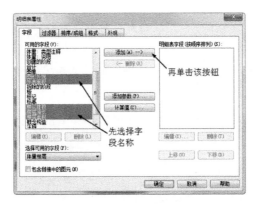

图7-22 选择列表名称项

✔5）单击 确定 按钮关闭对话框，关于体量的所选项列表创建完成（图7-23）。

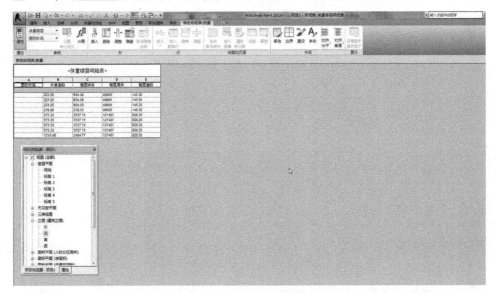

图7-23 创建完成的明细表

7.3.2 修改明细表

明细表中的各项名称与数值，可以借助上下文选项卡【修改明细表/数量】中的相应工具（图7-24）进行修改调整，在此就不再赘述。

图7-24 修改明细表的工具

7.3.3 导出明细表

Revit创建的明细表，可以将数据发送到电子表格程序（如Excel）中打开或操作；也可将明细表导出为一个分隔符文本文件，供其他程序使用；如果将明细表添加到图样中，还可以将其导出为 CAD 格式。以下为具体操作步骤。

☑1）打开明细表视图。

☑2）单击启动界面左上角的应用程序按钮 ，选择【导出】菜单下的【报告】栏中的"明细表"选项，如图7-25所示。

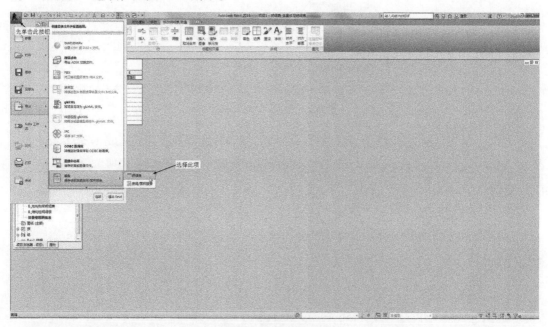

图7-25　导出明细表

☑3）系统弹出【导出明细表】对话框（图7-26），选择相应保存路径和名称后，单击按钮，则明细表导出完成。

图7-26　【导出明细表】对话框

用户还可以练习其他格式的导出方法，以适应不同软件的需要，在此就不再一一赘述。

第 8 章

体量转换

当体量的方案确定后，可以利用"面模型"将体量面转换为墙、楼板、屋顶、幕墙等建筑构件，来进行深入研究。面模型通常包括楼板、屋顶、墙、幕墙等。

8.1 楼板转换

使用"面模型"面板的"楼板"工具，可以从体量楼层中创建楼板。

☑ 1）单击【体量和模型】选项卡，选择【面模型】面板中的"楼板"按钮，如图8-1所示。

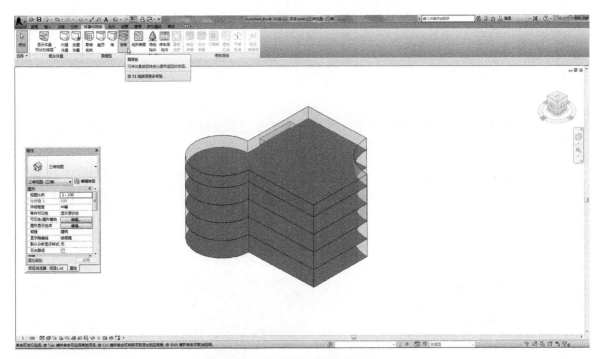

图8-1 选择"楼板"按钮

☑ 2）在【属性】对话框中选择楼板类型，如图8-2所示。

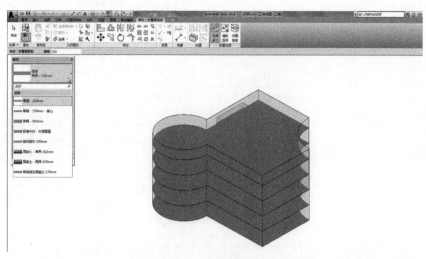

图8-2　选择楼板类型

☑3）选定楼板类型后，依次用鼠标单击楼层，则楼层体量的楼层被转换为所选楼板（图8-3）。

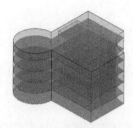

图8-3　楼层转换后的结果

8.2　屋顶转换

☑1）单击【体量和模型】选项卡，选择【面模型】面板中的"屋顶"按钮，如图8-4所示。

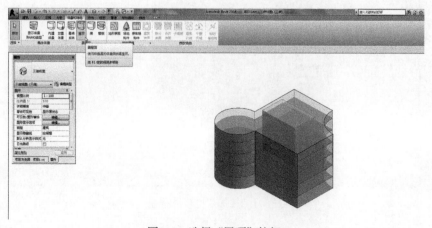

图8-4　选择"屋顶"按钮

☑2）在【属性】对话框中选择屋顶类型。

☑3）选择屋顶类型后，单击体量模型的屋顶位置，结果如图8-5所示。

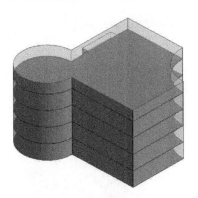

图8-5 屋顶转换后的结果

8.3 墙体转换

8.3.1 墙转换

☑1）单击【体量和模型】选项卡，选择【面模型】面板中的"墙"按钮。

☑2）在【属性】对话框中选择墙类型。

☑3）选择墙类型后，单击体量模型的墙位置，如图8-6所示。

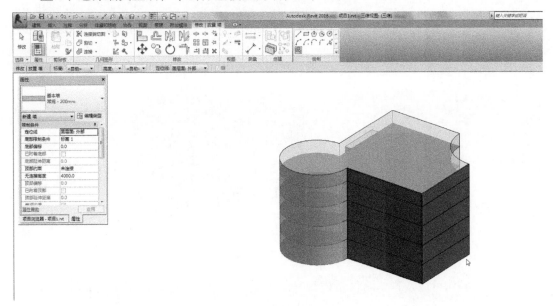

图8-6 墙体转换

8.3.2 幕墙转换

☑1）单击【体量和模型】选项卡，选择【面模型】面板中的"幕墙系统"按钮。

☑2）在【属性】对话框中选择幕墙类型。

☑3）选择幕墙类型后，单击体量模型相应的墙位置，结果如图8-7所示。

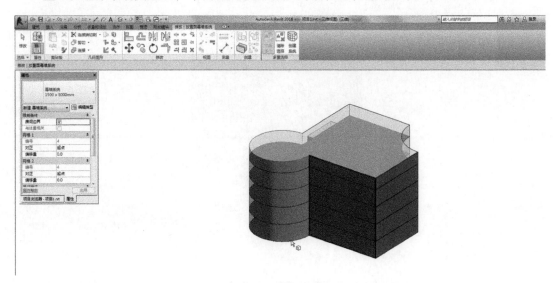

图8-7 选择幕墙位置

☑4）幕墙转换后，选择上下文选项卡修改放置面幕墙系统的多重选择面板的"创建系统"按钮，目前转换完成（图8-8）。

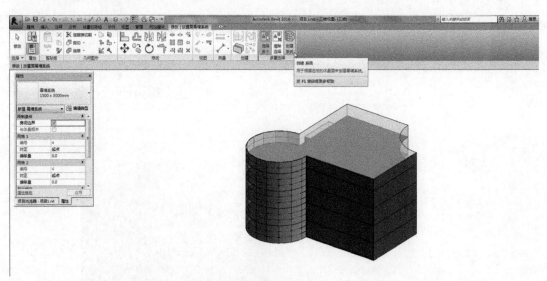

图8-8 幕墙转换

从以上操作可以发现，将体量模型进行楼板、屋顶、墙体、幕墙转换非常简单，几乎是千篇一律。但其核心在于如何选择构件的类型，本示例采用的均为Revit提供示例，在实际工程中并不一定完全用上，这需要用户根据工程的实际需要（包括做法、模型深度等）进行特定的族创建，导入项目中后进行转换方能与实际工程相吻合，这也是BIM应用的一个关键问题。

第 9 章

标高与轴网

标高可以用来确定构件高度方向的信息、定义楼层层高以及生成平面视图；轴网在确定一个工作平面的同时，主要用于构件的平面定位。

标高与轴网共同构建了模型的三维网格定位体系。

设计项目的创建，一种方法是先建立概念体量模型，然后根据概念体量生成标高、墙、门窗等建筑构件，再添加轴网、尺寸等标注；另一种方法是先创建标高和轴网，然后根据标高和轴网添加墙体、门窗等建筑构件，从而完成项目。这两种方法仅仅是设计流程上有差异。

9.1 标高

标高与构件在高度方向上的定位相关联，建模之前需对项目的层高和标高信息进行整体规划。

9.1.1 创建标高

1. 新建一个项目

启动Revit，选择"建筑样板"，新建一个项目。

2. 激活立面视图

进入Revit后，在【项目浏览器】中单击"立面（建筑立面）"旁边的"+"，任意选择一个立面名称（比如"东"），如图9-1所示。

选择立面名称后，界面进入立面视图创建状态，如图9-2所示。

3. 创建标高

在该界面中创建标高有两种方法：一种是绘制标高，这种方法创

图9-1 选择建筑立面

建的标高会自动创建平面视图；另一种是复制现有标高，所创建的标高不能直接生成视图，需进行相应的设置。

（1）利用绘制的方法创建标高

☑1）单击【建筑】选项卡的【基准】面板的"标高"按钮。

☑2）在绘图区域适当位置（拖动鼠标时会即时显示其相对高差）单击确定新建标高的起点，拖动鼠标后再次单击，确定新建标高的终点，完成一个标高的绘制。

☑3）按两次 ESC 键退出绘制，单击【项目浏览器】中"楼层平面"旁边的"+"，可以看到新增一个"标高3"平面视图，如图9-3所示。

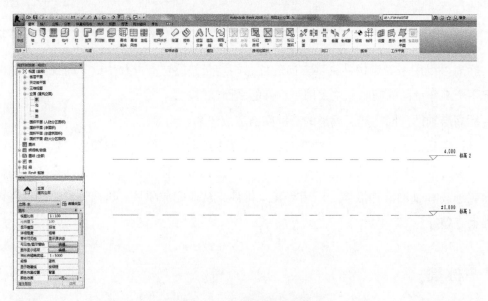

图9-2 立面视图创建界面

图9-3 绘制标高

☑4）使用同样方法可以完成多个标高的绘制。

注意"标高2""标高3"的属性互相关联，修改一个标高的属性，其他标高会变化。

（2）利用复制的方法创建标高 按 $\boxed{\text{Ctrl}}$+$\boxed{Z}$ 键取消上述操作，退到初始状态。

☑ 1）单击选择"标高2"。

☑ 2）选择上下文选项卡【修改|标高】的【修改】面板的"复制"按钮 。

☑ 3）单击标高线上任意一点。

☑ 4）拖动鼠标至适当位置（图9-4）后单击鼠标左键，"标高3"复制完成。

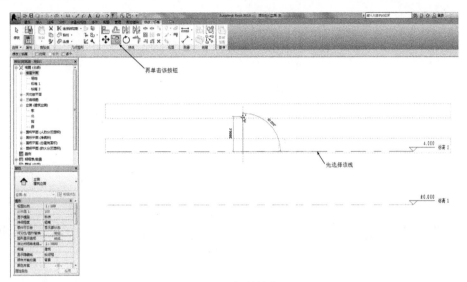

图9-4 复制标高

注意：如果勾选"约束"项，将按正交模式复制标高；如果勾选"多个"项，将会进行多个标高的复制。

☑ 5）复制的标高不能直接创建平面视图，需单击【视图】选项卡的【创建】面板中"平面视图"按钮 下的"楼层平面"项，如图9-5所示。

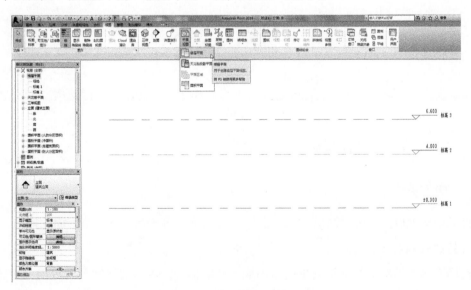

图9-5 选择"楼层平面"项

☑ 6）在系统弹出的【新建楼层平面】对话框（图9-6）中，选择"标高3"。

图9-6 【新建楼层平面】对话框

☑ 7）完成后单击按钮 确定，所选标高的平面视图创建完成，如图9-7所示。

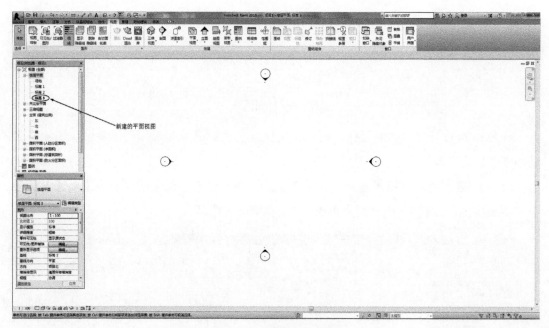

图9-7 新建楼层平面视图

使用上述方法可以多次创建标高，以满足项目的需要。

9.1.2 修改标高

标高创建完成后，有时需要对标高进行修改调整，通常有如下几个方面的操作。

1. 修改标高值

选择需修改的标高线，然后单击标高线的数字部分，可以修改标高的数值，如图9-8所示。

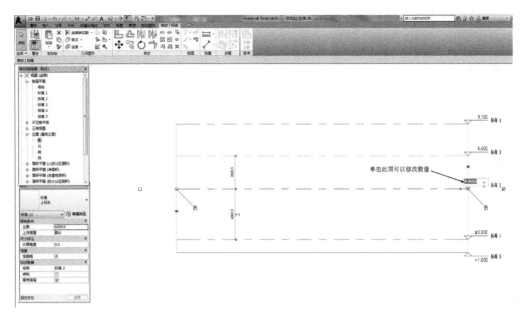

图9-8　修改标高数值

2. 修改标高名称

选择需修改的标高线，然后单击标高线的文字部分（如标高5），可以修改标高的名称（如室外地坪），如图9-9所示。

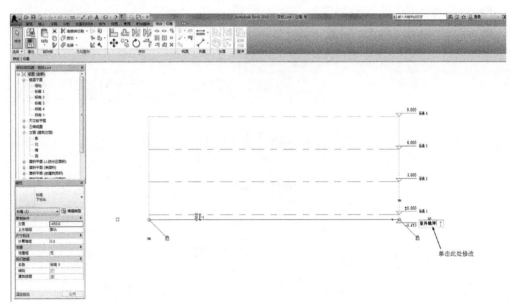

图9-9　修改标高名称

采用相同的方法可以根据项目的需要将其他标高名称进行相应的修改。

3. 调整标高位置

单击任意一条标高线，对准标高符号的尖角部分（圆圈圈定位置），出现"通过拖曳其模型端点修改标高"提示（图9-10），按住鼠标左键左右拖动，标高线会被拉长或缩短。

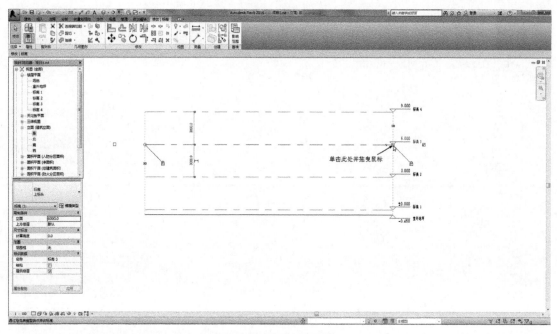

图9-10　调整标高位置

4. 标高的标头方向调整

☑1）单击选择任意一条标高线。

☑2）单击【属性】浏览器中的"编辑类型"按钮 ．

☑3）在【编辑类型】对话框中，选择"符号"参数的"标高标头_下"（图9-11）。

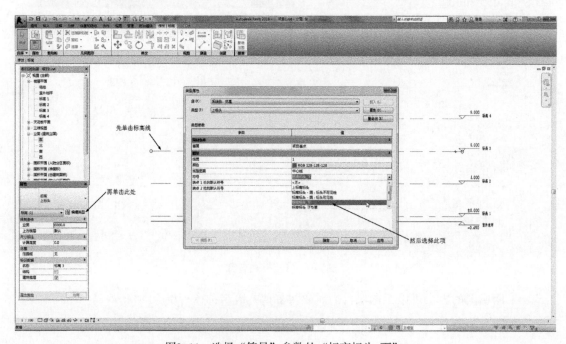

图9-11　选择"符号"参数的"标高标头_下"

☑4）单击 确定 按钮，结果如图9-12所示。

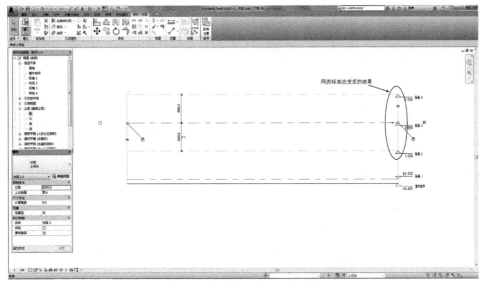

图9-12　修改标高标头后的结果

5. 在标高中添加弯头

创建标高过程中，如遇到两条标高线的高差很小，其标头可能会出现重合现象（图9-13a）影响视图效果，这时需要在标高线中添加弯头，使其偏移标高线。操作如下。

☑️ 1）单击要添加弯头的标高线。

☑️ 2）被选中的标高线上会显示弯头标志（图9-13b）。

☑️ 3）单击弯头标志，则标高名称偏离标高线（图9-13c）。

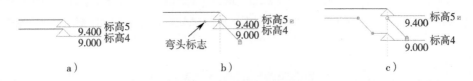

图9-13　在标高中添加弯头

a）标高重合　b）选择标高线，显示弯头标志　c）单击弯头标志，调整标高

用户还可以拖移弯头的拖曳点进行更为细致地调整。

6. 关于3D/2D的理解

单击标高线时，其周围会出现"3D"的文字提示，表示如果在该视图中调整标高，这个调整将会应用到其他所有视图中；单击文字提示"3D"时，该提示会切换成"2D"，表示如果在该视图中调整标高，这个调整只对该视图起作用，而不会应用到其他所有视图中。

9.2　轴网

轴网用于在平面中对构件进行定位。本节主要讲述轴网的创建与修改等方法。

9.2.1 创建轴网

轴网的创建有两种方法；一种是通过导入的CAD图形，拾取轴线的方法；另一种就是绘制与复制结合的方法。

1. 切换到平面视图

由于轴网确定的是构件在平面图中的相对关系，因此标高创建完成后，应切换到楼层平面视图（如标高1）来创建和编辑轴网。

单击【项目浏览器】中的"楼层平面"旁边的"+"将其子项展开，双击"标高1"即可切换到"标高1"视图，如图9-14所示。

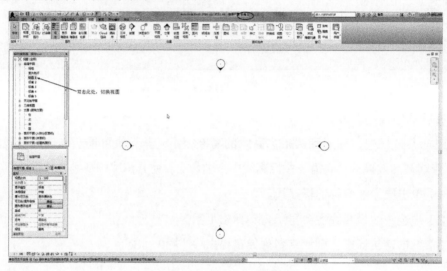

图9-14　切换到平面视图

2. 通过导入拾取的方法创建轴网

☑ 1）单击【插入】选项卡的【导入】面板中"导入CAD"按钮，如图9-15所示。

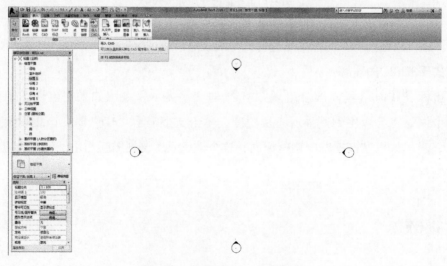

图9-15　单击"导入CAD"按钮

✅ 2）在弹出的【导入CAD】对话框中，选择CAD文件路径、名称，并将定点模式设定位"手动−原点"，放置模式为"标高1"（图9-16）。

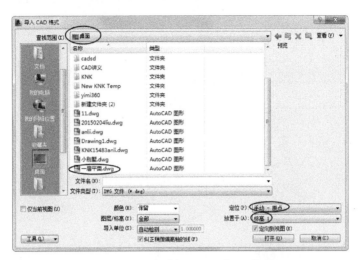

图9-16 设置【导入CAD】对话框

✅ 3）单击 打开(O) 按钮后，在绘图区域中单击鼠标左键，结果如图9-17所示。

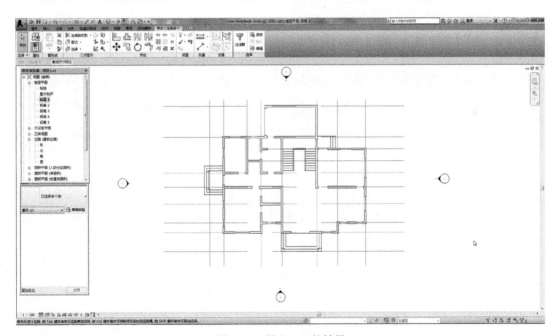

图9-17 导入CAD的结果

注意：由于CAD绘图时的原点不统一，用户进行上述操作完成后，如果未发现导入的图形，可以推动鼠标滚轮进行放缩，找到图形后将其移动到当前区域即可。

✅ 4）单击【建筑】选项卡的【基准】面板中"轴网"按钮 。

✅ 5）单击【修改|放置轴网】上下文选项卡的【绘制】面板中"拾取线"按钮 ，如图9-18所示。

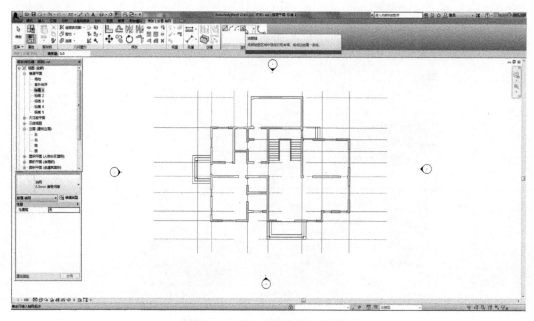

图9-18　单击"拾取线"按钮

☑ 6）根据"选择边或线"的提示，依次拾取轴线（建议先从左向右依次拾取横向定位轴线；再从下向上依次拾取其纵向定位轴线，并且拾取第一根纵向定位轴线时，将其轴号改为"A"，这样可以减少修改轴号的工作量），结果如图9-19所示。

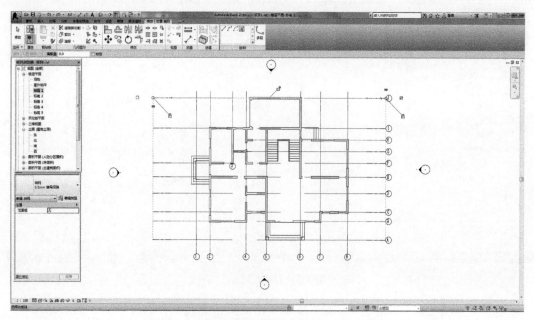

图9-19　拾取轴线的结果

☑ 7）完成后按两次 ESC 键结束操作。

☑ 8）双击【项目浏览器】中"楼层平面"下的"标高2"项，切换到"标高2"视图，可以发现使用这种方法创建的轴网在其他标高视图中均为可见（图9-20）。

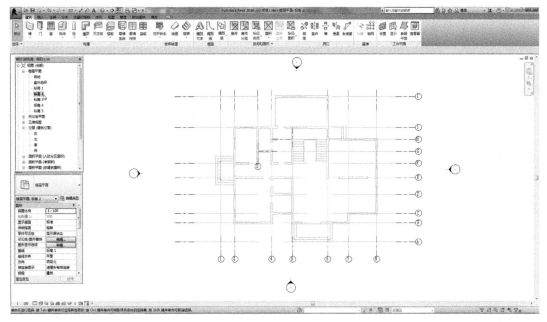

图9-20 在"标高2"视图中的结果

3. 通过绘制与复制结合的方法创建轴网

将之前创建的轴网保存为"项目1",选择"建筑样板",新建一个项目并将其存为"项目2"。进行相应的标高创建后,切换到"标高1"平面视图。

接下来,具体看一下如何通过绘制与复制相结合的方法创建轴网。

☑ 1)单击【建筑】选项卡的【基准】面板中"轴网"按钮井。

☑ 2)单击【修改|放置轴网】上下文选项卡的【绘制】面板中"直线"按钮 ◢。

☑ 3)在绘图区域绘制第一条直线(建议先绘制左边第一条横向定位轴线),如图9-21。

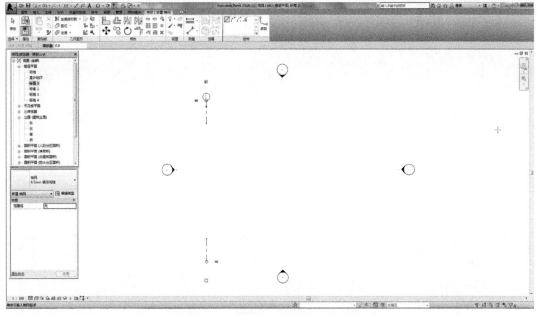

图9-21 绘制第一条横向定位轴线

☑ 4)按两次 ESC 键结束操作。

☑5）单击刚刚绘制的轴线；选择【修改|轴网】上下文选项卡的【修改】面板中"复制"按钮🖫（或者键入快捷键"CO"）；勾选"约束"和"多个"项（"约束"项是保证正交模式，"多个"项可以连续复制），如图9-22所示。

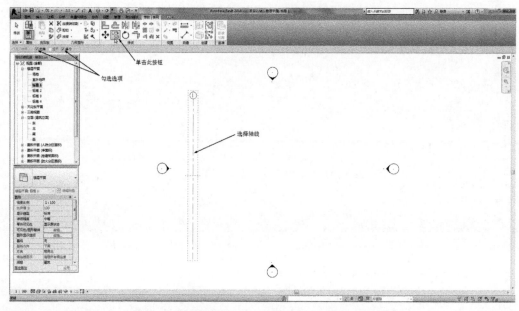

图9-22　选择轴线，单击"复制"按钮并勾选选项

☑6）单击轴线的任一点为复制起点。

☑7）拖动鼠标至合适的提示数据（如3300）后单击左键（或者直接键入数据后按回车键），则一条轴线复制完成；继续拖动鼠标至合适的提示数据（如4200）单击左键，完成第三条轴线的复制；重复如上操作（如4800、4200、3300）直至完成全部轴线的复制后，按两次 ESC 键结束操作，结果如图9-23所示。

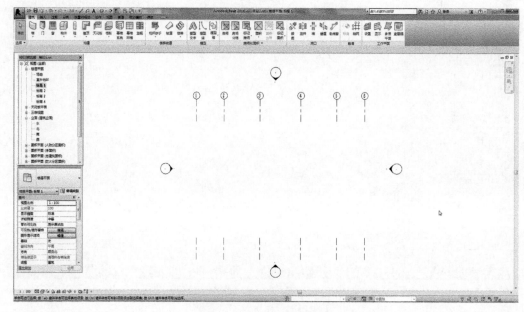

图9-23　复制完成的结果

✅8）再次单击【建筑】选项卡的【基准】面板

网】上下文选项卡的【绘制】面板中"直线"按钮▨；在绘图区域再绘制一条纵向定位轴线（建议先绘制下方的第一条纵向定位轴线），并将轴号修改为"A"，如图9-24所示。

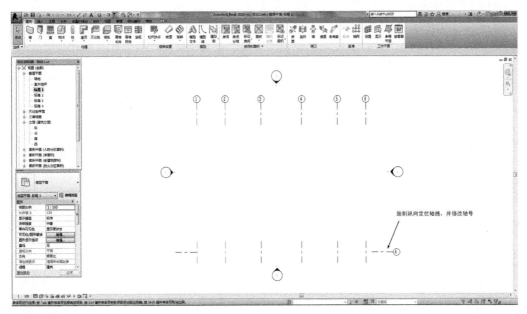

图9-24　绘制纵向轴线并修改轴号

✅9）同样使用"复制"命令将纵向定位轴线依次向上复制1200、5400、1800、4800、900，结果如图9-25所示。

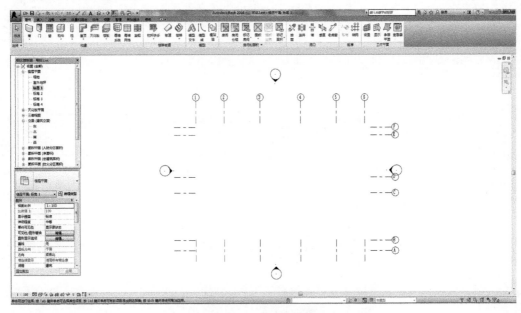

图9-25　完成后的结果

✅10）双击【项目浏览器】中"楼层平面"下的"标高2"项，切换到"标高2"视图，同样可以发现使用这种方法创建的轴网在其他标高视图中均为可见。

以上操作，简单介绍了绘制与复制结合创建轴网的方法，实际上用户还可以用阵列等命令来完成，但不建议使用镜像命令，主要是因为Revit通常会按照绘图顺序进行编号，如果使用镜像命令，增加了修改轴号的难度。

9.2.2 修改轴网

轴网的修改通常包括轴号修改、轴号显示、轴线显示方式、轴线添加弯头等内容。

1. 轴号修改

如果轴号中出现I、O、Z等，需要手动修改轴号。

修改方式与修改标高类似，只需单击选择相应的轴线，然后单击轴号位置，在弹出的文本框中将轴号擦除，然后输入新的名称即可。

需要注意的是，轴号不允许重复，如果中间需要改轴号名称，建议从后往前修改比较方便。

2. 轴号显示

创建的轴网由于版本不同，显示方式不尽相同。以Revit 2016为例，默认状态下，绘制的轴线通常在一端显示轴号，用户如果需要在轴线两端同时显示轴号，只需点击轴线，在轴线另一端单击"显示编号"标记（小方框），即可将该侧的轴号显示，如图9-26所示。

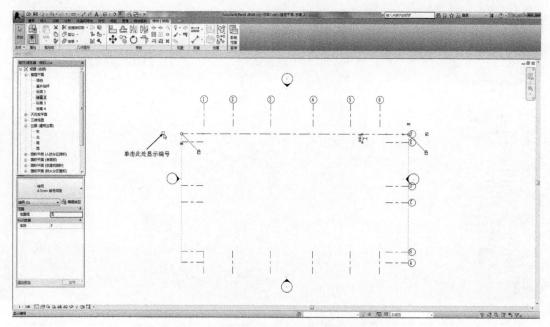

图9-26 选择轴线，单击"显示编号"标记

用户还可以在绘制轴线之前，单击【属性】浏览器中的"编辑类型"按钮 ，在弹出的【类型属性】对话框中，勾选"平面视图轴号端点1（默认）"项（图9-27），那么绘制的轴线将两侧均显示轴号。

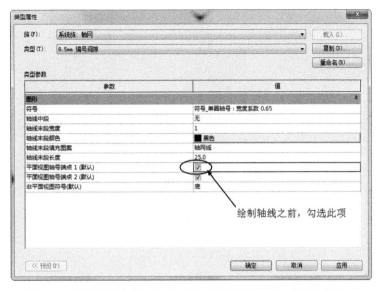

图9-27　绘制轴线之前，勾选"平面视图轴号端点1（默认）"项

3. 轴线显示方式

使用Revit 2016创建的轴网，中间不显示，会影响下一步依据轴线创建墙体，这时可以用如下方法来修改。

☑1）单击选择某一条轴线。

☑2）单击【属性】浏览器中的"编辑类型"按钮 🔲 编辑类型 。

☑3）在弹出的【类型属性】对话框中，点击"轴线中段"参数项的参数值处（默认为"无"），选择"连续"，如图9-28所示。

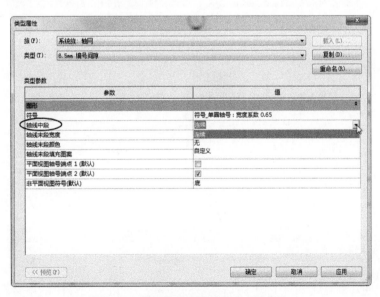

图9-28　选择轴线中段的值为"连续"

☑4）单击 确定 按钮，即可使轴线连续显示（图9-29）。

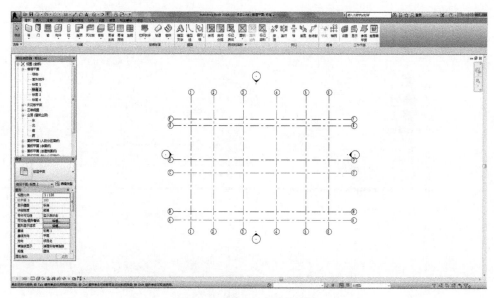

图9-29　设置完成后的结果

当然，如果绘制轴线之前，进行上述设置，则可不必如此繁琐。

4. 轴线添加弯头

如果两条轴线的距离过近，需要将轴线添加弯头。修改方法与修改标高类似。

上述修改完成后，单击【修改|轴网】上下文选项卡的【基准】面板中"影响范围"按钮，在弹出的【影响基准范围】对话框中，勾选相应的选项（图9-30）。

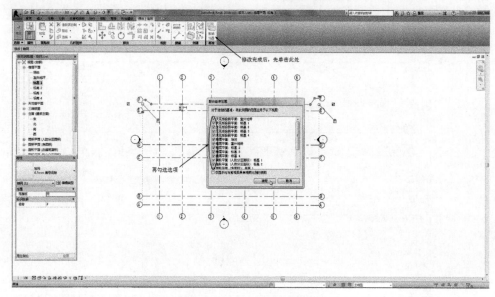

图9-30　设置"影响范围"

然后，单击【影响基准范围】对话框中的 确定 按钮，则修改结果会在相应的选项中显示。需要注意的是，每条轴线的修改都需要进行上述操作。为简化操作，用户可以在所有轴线修改完成后，选择全部轴线，然后再进行上述操作。

第 10 章

创建建筑构件

单体建筑模型通常可包括墙体、门窗、楼梯、楼板、屋顶等几个主要部分。以下将着重介绍这些构件的创建方法。

10.1 创建墙体、柱

墙或柱是房屋的垂直承重构件，它承受楼地层和屋顶传来的荷载，并把这些荷载传递给基础。墙不仅是一个承重构件，它同时也是房屋的围护或分隔构件，外墙阻隔雨水、风雪、寒暑对室内的影响；内墙分隔室内空间，避免相互干扰等。当柱作为房屋的承重构件时，填充在柱间的墙体仅起围护和分隔作用。

10.1.1 墙体

在Revit中，墙体通常作为预定义的系统族使用（即这些族不能作为单个文件载入或创建，但可使用不同组合创建其他的类型，并且可以在项目之间传递），墙体同时还是门窗等构件的主要载体，也就是说要创建门窗，首先需要创建墙体。

创建墙体，首先要明确创建墙体的工具类型与作用，其次要了解墙的类型，然后要掌握墙体的参数类型。

1. 创建墙体的工具

启动Revit，选择 "建筑样板"进入界面。单击【建筑】选项卡【构建】面板的"墙"按钮下方的小黑三角，如图10-1所示。

从图中可以看出，墙工具包括建筑墙、结构墙、面墙、饰条、分隔条几个工具类型。其中建筑墙用来创建建筑模型的非结构墙（也称填充墙），应用最为广泛；结构墙在创建承重墙或剪力墙时使用；面墙则是通过体量进行模型转换时使用。而饰条则在创建踢脚或顶棚边线时使用；分隔条则是将墙面分缝（或槽）时使用。

因此，对于创建建筑模型来说，使用建筑墙即可；如果墙体中有所谓的承重墙或剪力墙，可以在结构模型中完成，将来这两个模型叠加、替换即可；饰条和分隔条通常在建筑墙中完成，这一点请读者一定牢记，以减少学习中的困惑。

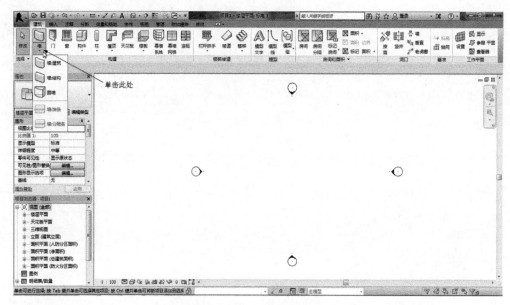

图10-1 单击【建筑】选项卡【构建】面板的"墙"按钮

2. 墙的类型

Revit提供了基本墙、叠层墙和幕墙三个族。任意选择建筑墙、结构墙、面墙工具中的一个（如建筑墙），均可通过选择【属性】对话框相应的选项，来创建基本墙、叠层墙和幕墙等。

（1）基本墙 基本墙可以创建墙体构造层次上下一致的简单内墙或外墙，在建模过程中使用频率较高。

（2）叠层墙 当同一面墙上下分成不同厚度、不同结构和材质时，可以使用叠层墙来创建。叠层墙可以理解为几种不同类型的墙体在高度上的叠加，通过相应设置，可以定义不同高度的墙厚、复合层及材质等。

（3）幕墙 幕墙是一种由嵌板和幕墙竖梃组成的墙类型，此外，还可以利用幕墙创建百叶窗、窗以及屋顶瓦等技巧性操作。幕墙选项中有幕墙、外部玻璃、店面三种类型。

关于幕墙和幕墙系统将在以后的示例中着重讲解。

另外，在许多参考资料中会将基本墙、复合墙、异形墙等概念放到一起来提，使得读者感到墙体的类型很凌乱，在这里一并解释一下。首先，基本墙与复合墙不矛盾，基本墙是个常用模板，其中包括了建模过程中最常用的大多数墙体类别；复合墙往往是在基本墙的基础上人为添加了一些符合设计项目要求的构造层次，比如找平层、防水层、保温层等，与基本墙相比，复合墙更接近于实际应用。异形墙与基本墙、复合墙不是一个概念，其区别在于形状而不在于层次，异形墙通常是异形体量的面墙，多为三维形式，创建异形墙时的墙体类型可以选择基本墙、复合墙、叠层墙乃至幕墙。

3. 墙的类型参数

墙体的类型参数基本类同，以下是墙体类型参数的基本使用情况。

☑（1）任意选择一种墙体（如基本墙 内部–砌块墙190）。

☑（2）单击【属性】对话框中的"编辑类型"按钮 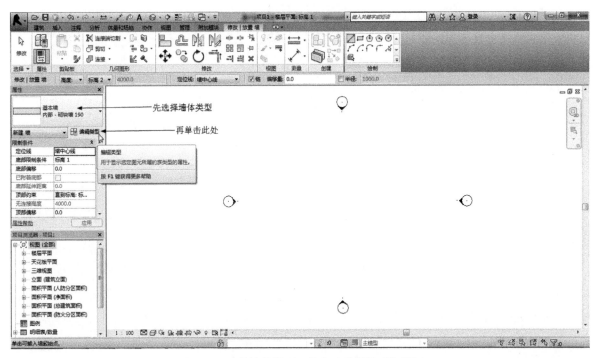，如图10-2所示。

图10-2　选择墙体类型，单击"编辑类型"按钮

☑（3）系统弹出【类型属性】对话框（图10-3）。

在【类型属性】对话框中，包括"构造""图形""材质和装饰""尺寸标注""分析属性""表示数据""其他"等设置项。其中的空白项或黑字项为可编辑，灰白项则为该类型的不可变参数。

注意：设置参数项时，通常不直接设置或编辑，因为一旦编辑后将变为该构件选项的最终设置，影响以后其他项目的使用。一般做法是以该构件作样板，将其复制后再修改编辑，这样将不会影响系统的基本设置，同时在系统族内多了一个新的构件。以下是其具体操作。

图10-3　【类型属性】对话框

☑ （4）单击【类型属性】对话框中"复制"按钮 复制(0)... ，将当前构件复制。系统弹出【名称】对话框，如图10-4所示。

擦除对话框中的名称，重新设置一个新的名称，如"云海山庄-二期-高层-通用内墙"（图10-5），然后单击 确定 按钮。

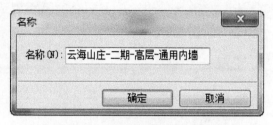

图10-4 【名称】对话框   图10-5 修改对话框中构件名称

构件的名称在BIM中很重要，其实就是一个构件编号，如同证件号码一样，首先要保证其唯一性，这样才不会在项目中引起混乱，其次应当保证其可持续性，这样可以降低劳动强度。

关于构件的名称，目前国家没有统一的规定，设计师应当遵循团队的BIM总监的要求编制，这样才能够保证项目的顺利进行。当然，对于BIM总监来说，首先应当设定相应的项目流程，然后再进行统筹安排，方可避免团队的众多返工、窝工现象。

另外，如果将当前文件存为项目（*.rvt），则只在该项目中使用，而如果将其存为样板文件（*.rte），则此类设置将在其他项目中可以通过简单修改被使用，这也是解决目前系统族可以在其他项目中使用的途径之一。

☑ （5）单击"构造"参数项中的"结构"参数的"编辑"按钮 编辑... ，系统弹出【编辑部件】对话框，如图10-6所示。

☑ （6）单击按钮 插入(I) 插入新的构造层次（本示例增加了2个层次），然后单击 向上(U) 或 向下(O) 按钮调整各层次位置，如图10-7所示。

从【编辑部件】对话框中可以看到，每个层次的位置以及功能、材质、厚度、包络等设置。

1）功能。功能列表选项提供了六种墙体功能：

①结构[1]：是构造层次的主体，如砖、砌块、钢筋混凝土等。

②衬底[2]：可以作为找平层、结合层等。

③保温层/空气层[3]：作为保温层和空气间层使用。

④面层1[4]：饰面层，通常为外层。

⑤面层2[5]：饰面层，通常为外层。

⑥涂膜层：用于防水涂层，厚度必须为零（这一层在一般构造中可以忽略）。

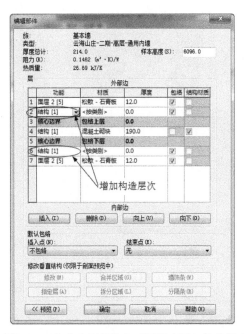

图10-6 【编辑部件】对话框 图10-7 在【编辑部件】对话框中增加构造层次

将这些层次合理有序地设置使用，就形成了项目中建筑的构造大样。

另外，每个层后面方括号中的数字，表示构件连接的优先等级，数字越小，等级越高。Revit会将功能相同的层次连接，比如结构[1]会首先连接，其次衬底[2]，再次保温层/空气层[3]，又次面层1 [4]，而面层2[5]将最后连接。

2）材质。用于指定各层次的材质类型。通过【材质浏览器】可以设定该层次的"标识""图形""外观""物理""热量"等参数。

3）厚度。用于指定层次的厚度，默认单位为"mm"。

4）包络。Revit的墙体部件中，"核心边界"是个比较特殊的功能层，主要是用于界定墙的"核心结构"与"非核心结构"。核心边界之内为核心结构，它是墙的主体，如砖、砌块、混凝土等，可以是一个层次，也可以是多个层次，用于创建复杂的复合墙体；核心边界之外为非核心结构，如找平层、保温层、面层等。功能为"结构[1]"的层次必须位于"核心边界"。

位于核心边界之外的层次可以设置在断开点处（比如在墙内插入门窗洞口）的连接方式，称为"包络"。在【编辑部件】对话框中，设置了"插入点"（墙体内部插入门窗洞口）和"结束点"（墙体端点）包络，其中插入点选项中包括"不包络""外部"（外侧构造层次向内包络）"内部"（内侧构造层次向内包络）和"两者"（内外两侧构造层次向中心线包络）几种，如图10-8所示。

注意，Revit仅会对勾选"包络"选项的层次进行包络。

☑（7）将新添加的两个层次设定为"衬底[2]"，作为找平层用（图10-9）。

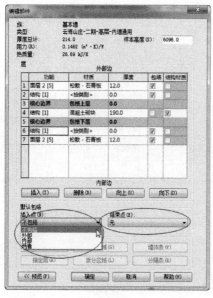

图10-8 构造层次的包络选项

图10-9 设定构造层次

☑（8）设定层次类型后，接下来就可以给这些层次指定材质。

1）点击层次的"材质"项的"按类别"，如图10-10所示。

图10-10 单击"材质"项的"按类别"

2）在弹出的【材质浏览器】对话框中，选择材质名称的"水泥砂浆"项，如图10-11所示。

3）复制材质。同样道理，为了避免系统的样板库系统紊乱，通常是将选定的项复制，然后修改。方法是单击右键，选择"复制"或者单击【材质浏览器】对话框底部的"复制"按钮 旁的小黑三角，选择"复制选定的材质"，如图10-12所示。

在名称列表中会出现一个被复制的材质"水泥砂浆（1）"，如图10-13所示。

图10-11　选择"水泥砂浆"材质

图10-12　选择"复制选定的材质"

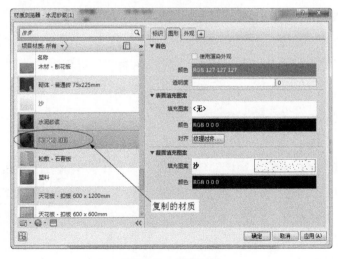

图10-13　复制材质

4）修改材质名称。选中被复制的材质，单击鼠标右键，在弹出的浮动对话框中选择"重命名"，然后将材质名称擦除，重新输入新的名称（如云海山庄–二期–高层–通用–水泥聚合物砂浆），如图10-14所示。

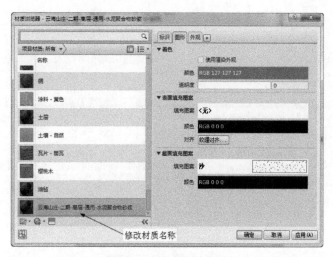

图10-14　修改材质名称

5）设定参数项。接下来就可以对该材质进行"标识""图形""外观""物理""热量"等项的设置。在这里，"标识""物理""热量"等参数项是BIM应用中的重要参数项，而"图形""外观"等则主要是在图形表达和表现中有作用。

当然，如果所编辑的层次是面层，那么其"外观"参数也应当注意，尤其是其中的"反射率""透明度"等，对项目的光环境分析和表现有着一定的作用，请用户认真体会。

设置完成后，单击 确定 按钮，完成该层材质的设定，同时该"衬底"层被赋予刚才所设置的材质。

☑（9）在【编辑部件】对话框中，将该层厚度设定为"10"。

☑（10）选择另一侧的"衬底"层的材质项，在弹出的【材质浏览器】对话框中选择刚编辑的材质，单击 确定 按钮，并将该层厚度设定为"10"，结果如图10-15所示。

☑（11）用同样的方法，将材质中"松散–石膏板"面层设定为"云海山庄–二期–高层–内饰面粉刷1"，厚度为"2"，如图10-16所示。

☑（12）完成后，单击 确定 按钮，则以"云海山庄–二期–高层–通用内墙"命名的"构造"参数项中的"结构"参数设置完成。

☑（13）接下来，可以选择该部件的功能。单击【类型属性】对话框的"构造"参数中的"功能"项的"值"旁边的小三角（图10-17），进行相应的功能选择。

在"功能"列表中有"内部""外部""基础墙""挡土墙""檐底板""核心竖井"几个项，分别用于指定构件的功能，这里由于设定的是内墙，所以按照默认的"内部"即可。

图10-15　设置完成的"衬底"层　　　　　图10-16　设置完成的"面层"

图10-17　选择部件的功能

☑（14）完成后，单击 确定 按钮。项目的内部墙体的参数设置完成。

这里简单总结一下上述操作的注意事项：

1）创建部件一定注意编号。

2）创建部件或材质宜将对象复制，然后再编辑。

3）不同功能部位的部件设置有差异时，应创建不同的部件。

4）各部件或材质的参数应根据建模深度不同添加，不能千篇一律，既不能无谓增加劳动强度，也不能使模型空洞无物，毕竟对BIM来说，重要的是参数。

5）对于BIM总监来说，合理分类、规划、统筹是一个综合的思维过程，不能过于草率，以免影响项目的顺利进行。

4. 创建外墙实例

外墙的设置与内墙类似，但对于不同区域来说，有可能要添加不同厚度的保温层。以下将学习一个带保温层的外墙设置。

☑（1）选择创建的内墙，单击【属性】对话框中的"编辑类型"按钮 编辑类型。

☑（2）在弹出的【类型属性】对话框中，单击"复制"按钮 复制(D)...，将当前构件复制，并修改名称为"云海山庄–二期–高层–保温外墙通用"。

☑（3）单击"构造"参数项中的"结构"参数的"编辑"按钮 编辑...。

☑（4）在系统弹出【编辑部件】对话框中，单击按钮 插入(I) 插入新的构造层次（本示例增加了1个层次），然后单击 向上(U) 或 向下(O) 按钮调整各层次位置，并将该层功能设置为"保温层/空气"，如图10-18所示。

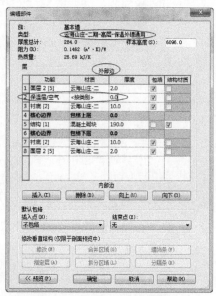

图10-18 添加构造层次

从图中可以看出，在"类型"中，墙体的名称已经改变；新增加的层次位于1（面层）和3（衬底）之间，这是因外该项目设置的是外保温（该对话框中有外部边和内部边，表示构造层次由上而下是按照从外到内排列）。

☑（5）设定保温层厚度为"70"，外面层厚度为"5"（防火规范规定，B1级保温层的防护面层厚度，首层不小于15mm，其他层不小于5mm）。

☑（6）单击【材质浏览器】对话框底部的"打开/关闭资源浏览器"按钮 ，如图10-19所示。

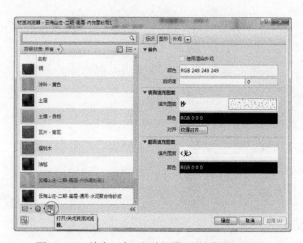

图10-19 单击"打开/关闭资源浏览器"按钮

✅（7）选择【资源浏览器】中的"塑料"中的"挤塑聚苯乙烯泡沫"，并单击该选项后面的"添加"按钮，如图10-20所示。

图10-20 从【资源浏览器】中选择"挤塑聚苯乙烯泡沫"，并添加到编辑器

✅（8）在【材质浏览器】中将层次名称复制并修改为"云海山庄–二期–保温层–通用"。

✅（9）修改标识参数中的"说明"为"B1级保温板"，"类别"设定为"塑料"。结果如图10-21所示。

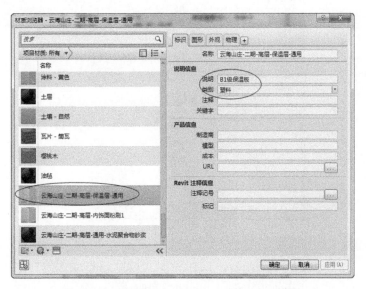

图10-21 复制修改层次名称，并修改标识参数

✅（10）修改"图形"中的填充图例（图10-22）。

✅（11）完成后，单击 确定 按钮，结果如图10-23所示。

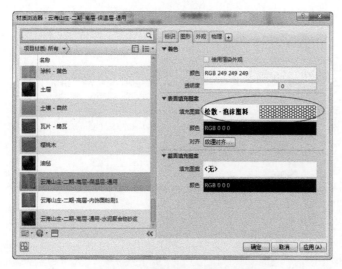

图10-22　修改图形参数的填充图案　　　　　图10-23　完成后的【编辑部件】对话框

☑（12）设置防火隔离带。由于保温层采用B1级的保温板，防火规范规定在窗口以上500mm之内，需设置300mm的A级保温板，厚度与B1级保温板相同，以此作为防火隔离带。以下是具体操作。

1）单击【编辑部件】对话框左下方的 《预览(P) 按钮。

2）选择【类型属性】对话框左下角"视图（V）"的"剖面：修改类型属性"项，如图10-24所示。

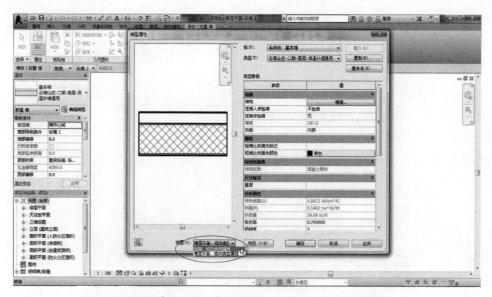

图10-24　选择【类型属性】对话框的"剖面：修改类型属性"项

3）单击结构参数处的 编辑… 按钮，切换到【编辑部件】对话框。

4）在【编辑部件】对话框中，单击"修改垂直结构"中的 拆分区域(L) 按钮（"拆分区域"工具可以将一个层或区域分割成多个新区域。拆分区域时，新区域采用与原始区域相同的材质）。拖动鼠标，在出现"2700"和"300"的提示时，在保温层的位置分别单击左键，则该墙的保温层被拆分为三部分，分别为"2700""300"和样板余下的高度（图10-25）。

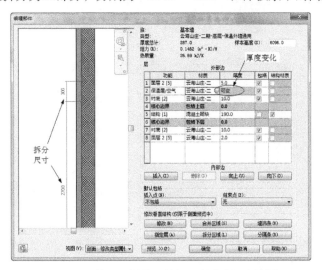

图10-25 使用"拆分区域"工具将保温层拆分

注意：推动鼠标滚轮，可以将左侧的预览区域放缩。另外，拆分后层次的厚度变为"可变"。

5）给拆分层赋予新材质。

①单击 插入(I) 按钮插入一个新的层次。

②设置该层的功能为"保温层/空气"。

③在【材质浏览器】对话框中，将隔热层复制并修改为"岩棉防火隔离带"，如图10-26所示。

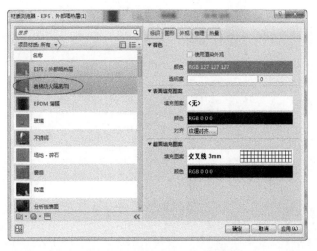

图10-26 复制并修改材质名称

④单击【材质浏览器】对话框底部的"打开/关闭资源浏览器"按钮 ，在弹出的【资源浏览器】中输入"岩棉"，进行材质搜索（图10-27）。

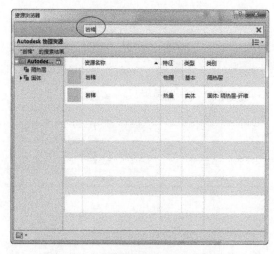

图10-27　在【资源浏览器】搜索材质

⑤选择搜索到的"岩棉"材质，并单击该选项后面的"添加"按钮，将该材质指定到所设定的材质名称中。

⑥设定图形的填充图案后，单击 确定 按钮，回到【编辑部件】对话框。

⑦选择刚刚设定的构造层，单击"修改垂直结构"中的 指定层(A) 按钮，单击预览区域中被拆分的"300"保温层，则该层被赋予新设定层（图10-28）。

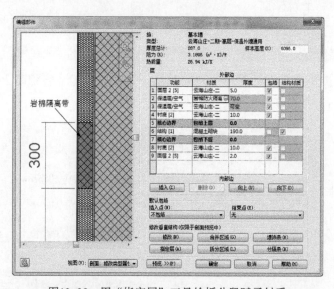

图10-28　用"指定层"工具给拆分段赋予材质

注意："拆分区域"工具，既可以将构造层次水平拆分，也可以垂直拆分；与"拆分区域"工具相反的是"合并区域"。

另外，在"修改垂直结构"中还有"墙饰条"工具，是将饰条轮廓加到墙体上，多用于内墙面的踢脚、墙裙、顶棚边线的添加；"分隔条"工具可以将墙面按指定轮廓、尺寸进行划分，但分隔条没有材质设置，多用于外墙面的饰面图案划分，比如石材饰面。

⑧完成后单击 [确定] 按钮，关闭【编辑部件】对话框；再单击 [确定] 按钮，关闭【类型属性】对话框，则带保温层的外墙设置完成。

5. 创建叠层墙实例

叠层墙是Revit的一种特殊墙体类型。当一面墙上下有不同的厚度，材质，构造层时，可以用叠层墙来创建。以下为叠层墙的创建步骤。

☑ 1）单击选择功能区【建筑】选项卡【构建】面板中"墙"工具中的"建筑墙"，如图10-29所示。

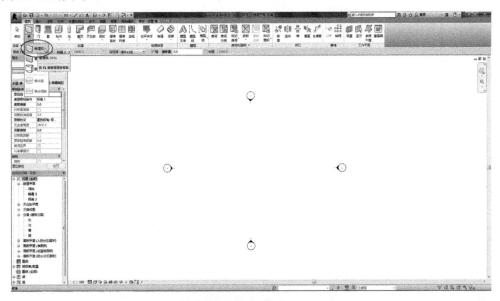

图10-29 选择"建筑墙"工具

☑ 2）在【属性】面板中选择"叠层墙"下的"外部-砌块勒脚砖墙"（图10-30）。

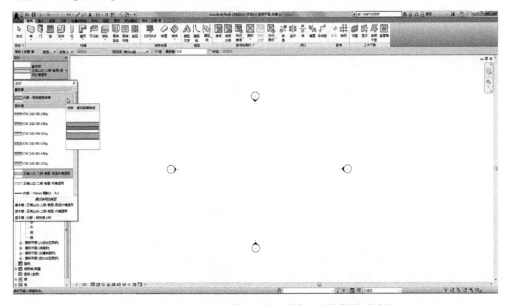

图10-30 选择"叠层墙"下的"外部-砌块勒脚砖墙"

☑3）单击 编辑类型 按钮打开【类型属性】对话框，单击 复制(0)... 按钮将墙体复制新的叠层墙，并将其命名为"云海山庄-外部-砌块勒脚砖墙"（图10-31），然后单击 确定 按钮。

☑4）单击 编辑... 按钮，打开【编辑部件】对话框，如图10-32所示。

图10-31 复制新的"叠层墙"　　　　图10-32 【编辑部件】对话框

☑5）单击 插入(I) 按钮，增加一行（可以单击 向上(U) 或 向下(D) 按钮，移动其位置），单击新插入行的"名称"，从列表选择"带粉刷砖与砌体复合墙"，如图10-33所示。

☑6）设置该行墙体高度为"1500"，其他参数默认。

☑7）修改样板高度为"3000"（图10-34）。

☑8）单击 《预览(P) 按钮，预览一下设置效果，如图10-35所示。

☑9）从预览中可以看出第一行与第二行和第三行的内墙面有偏差，这时可以调整偏移项，将偏移参数设定为"18"，单击 剖面：修改类型属性 ▼ 按钮，并推动鼠标滚轮适当放大（图10-36），确认上下层的内表皮处于同一位置，完成设置后，单击 确定 按钮关闭对话框，则即可叠层墙体创建完成。

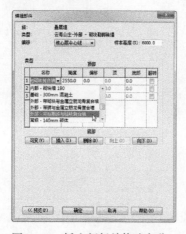

图10-33 插入新行并修改名称　　　　图10-34 修改相关参数

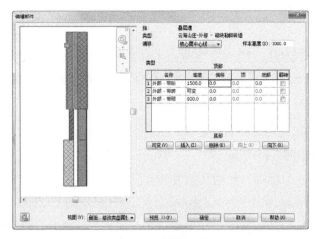

图10-35 预览效果

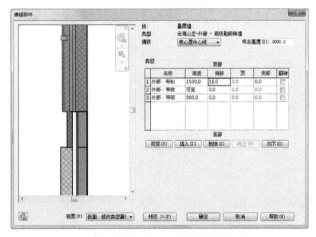

图10-36 调整"偏移"参数

以上简单介绍了叠层墙的创建方法，在实际工程中，用户可以用这种方法创建一层之间的多段不同墙体。

当然，如果用户不熟悉叠层墙的创建方法，还可以借助于同一层间创建多标高，然后设置复合墙体也能够完成一层之间的多段不同墙体的创建。

另外，如果用户想分解已经创建的叠层墙，在选择创建的叠层墙后，单击鼠标右键，然后选择"断开"即可分解叠层墙。这样就可单独编辑每一段墙体。（特别提醒：叠层墙分解后不能重新组合，请谨慎操作，按Ctrl+Z可取消操作）

6. 绘制墙体

墙体设置完成后，接下来就可以绘制墙体（在实际工程中，用户还可以先按照相关流程分别绘制墙体，然后再进行相应墙体的设置）。

（1）墙体的定位 绘制墙体时，首先应当注意的是如何定位，墙体的定位有墙中心线、核心层中心线、外部面层面、内部面层面、内部核心面、外部核心面六种。其中核心层是指墙体的主结构层；有时墙中心线会与核心层中心线重合，比如非复合墙体。

（2）**绘制墙体的工具**　使用上下文选项卡【修改|放置墙】中的【绘制】面板中的工具（图10-37），可以进行相应形状墙体的绘制。

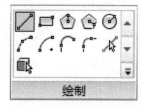

图10-37　【绘制】面板

（3）**绘制墙体的方法**　绘制墙体的方法有多种：一种是捕捉已绘制的轴网进行绘制；另一种是借助导入的CAD图形，通过拾取线工具进行绘制。

下面就简单介绍一下其基本操作。

（1）**利用现有轴网进行绘制**

☑1）简单绘制一个轴网，如图10-38所示。

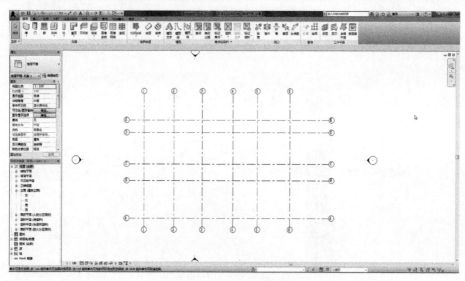

图10-38　绘制简单轴网

☑2）选择墙体类型。单击选择功能区【建筑】选项卡【构建】面板中"墙"工具中的"建筑墙"，在【属性】面板中选择设置完成的叠层墙（图10-39）。

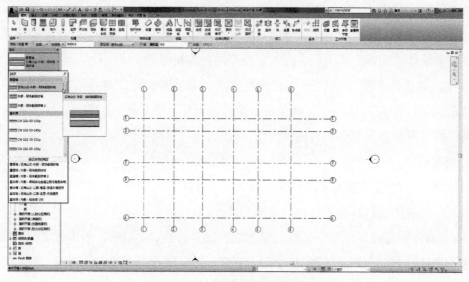

图10-39　选择设置的叠层墙

☑ 3）依次选择相应点位，绘制墙体（图10-40）。

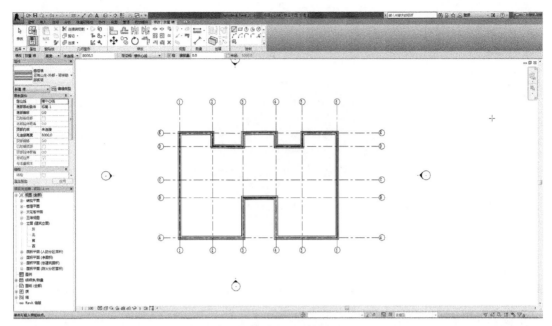

图10-40 绘制墙体

绘制墙体时，有几个需要特别注意的问题：

①墙体有内外侧区分，通常应该按照从左到右，从上到下的顺时针方式进行，当然也可以后期调整。调整时，选定墙体后会出现一个头尾对调的双箭头，单击该箭头可以调节墙体方向（图10-41）。

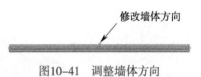

图10-41 调整墙体方向

②相关参数设置。图10-42中的参数项中，单击"未连接"可以确定墙体的终点位置，如"标高1""标高2"等；也可以修改其旁边的数字来确定墙体的高度，这种方法应用不多，偶尔会用于无法用层高限定的墙体；"定位线"主要用于绘制点位与墙体的关系；"链"表示连续绘制；"偏移量"表示确定点位后，所绘制墙体的偏移值。

图10-42 绘制墙体的参数项

本示例采用的是默认值（项）。

☑ 4）单击快速访问栏的三维显示按钮 ⬡，切换到三维视图状态（图10-43）。

☑ 5）单击【视图】菜单中的"平铺"项，将之前打开的界面同时显示，并将各视图适当进行放缩，结果如图10-44所示。

☑ 6）修改墙体高度。从三维视图中可以发现，外墙的高度过高，这是因为在绘图过程中没有修改其参数，而是按照默认"8000"绘制，这时就需要修改调整。

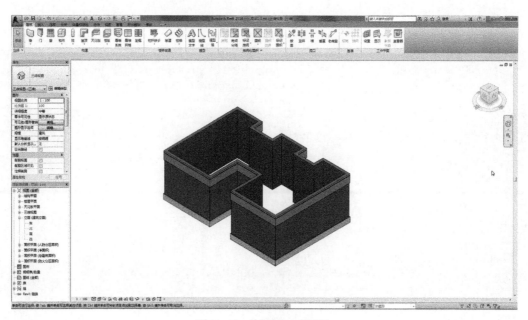

图10-43　将视图三维显示

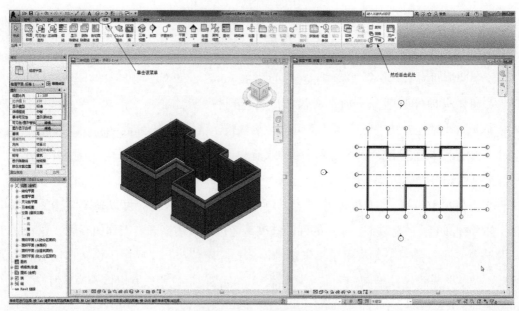

图10-44　平铺视图

　　修改墙体高度时，首先应选择墙体，方法是：用鼠标框选视图（三维视图或平面视图均可）中所有图元，如图10-45所示。

　　然后单击上下文选项卡【选择】中的按钮　，或者单击右下角的过滤器按钮　，在弹出的【过滤器】对话框中，将"轴网"项的勾选去掉（图10-46），然后单击　确定　按钮，则墙体被选中。

　　选中墙体后，单击【属性】中的"顶部约束"项，选择"标高2"，表示所选墙体的顶部设置在"标高2"（图10-47）。

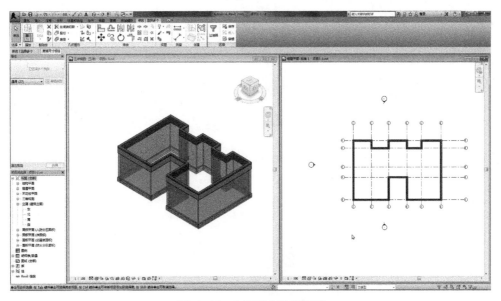

图10-45　在视图中选择图元

图10-46　在【过滤器】对话框中筛选图元

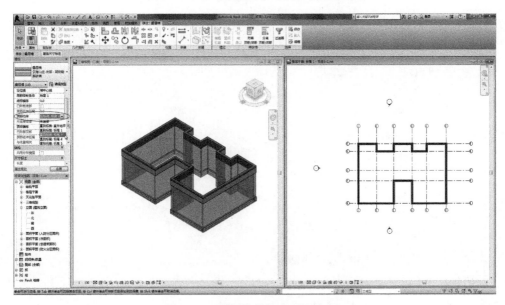

图10-47　设置墙体的"顶部约束"

设置完成后，在任一视图中单击鼠标左键，墙体高度修改完成，结果如图10-48所示。

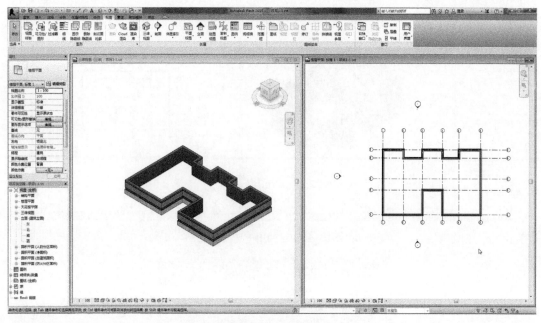

图10-48　修改墙体高度后的结果

（2）利用现有CAD图拾取线绘制　在实际项目中，往往会利用现有CAD图进行绘制，接下来就看一下如何利用导入的CAD图进行绘制。

☑1）导入CAD图形。单击【插入】选项卡【导入】面板的按钮。

在【导入CAD格式】对话框（图10-49）中选择已有的CAD图形，单击 打开(O) 按钮。

图10-49　【导入CAD格式】对话框

进行适当放缩，结果如图10-50所示。

☑2）单击【建筑】选项卡的墙工具按钮，选择"建筑墙"，在【属性】中选择前面设置完成的墙体类型（图10-51）。

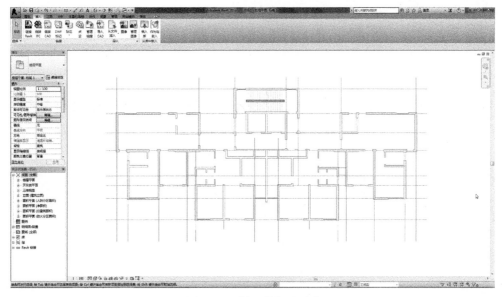

图10-50　导入的CAD图形

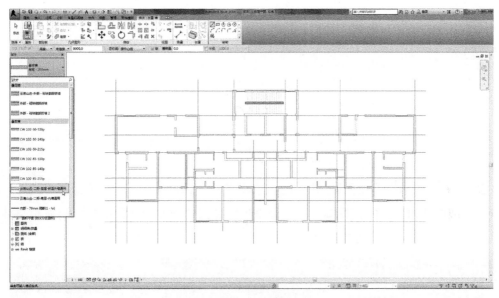

图10-51　选择墙体类型

☑ 3）选择完成后，在【属性】中将"顶部约束"设定为"标高2"，或者将参数项（图10-42）中的"未连接"设置为"标高2"。

注意，在前一个示例中是先绘制墙体后修改高度；本示例则是先确定高度，后绘制墙体。这两种方法都不影响模型的创建。

将参数项（图10-42）中的定位线调整为"面层面：内部"；并勾选"链"，表示连续绘制，如图10-52所示。

图10-52　设置参数项

这里之所以将定位线调整为"面层面：内部"，主要是因为在CAD建筑图中，更多反应的是内部空间，建筑师首先保证的是内部空间的净面积，而在实际工程中，由于增设保温等构造层次，墙体的实际厚度会与CAD建筑图中的不同，为保证室内空间的面积，所以本示例选择以内部面层面作为定位依据。请结合项目的具体要求合理选择。

☑ 4）单击上下文选项卡【修改|放置墙】中的【绘制】面板中的"拾取线"工具 。单击CAD图形中外墙的一条内边线，绘制墙体（图10-53）。

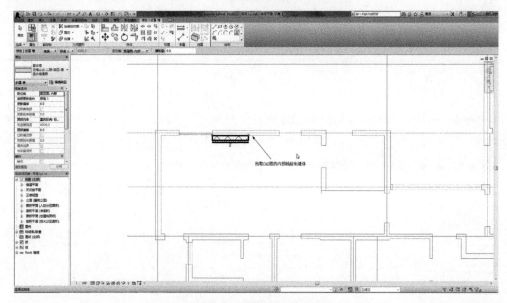

图10-53　拾取线绘制墙体

☑ 5）从图中可以看出，虽然墙体有一条边与拾取线对齐了，但墙体却整体向内了，这时需要调整墙体的方向，具体方法是单击该墙体的"修改墙体方向"控制箭头，将墙体的外部方向调整，结果如图10-54所示。

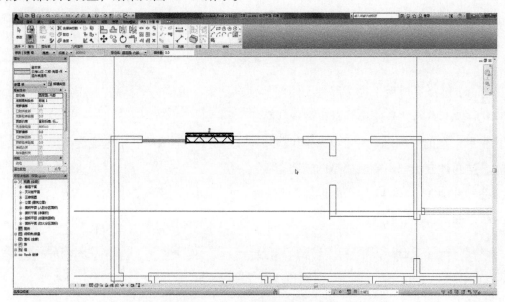

图10-54　修改墙体方向的结果

☑ 6）用同样方法将其他部位的几道墙体绘制出来（图10-55），并按两次 ESC 键结束墙体绘制。

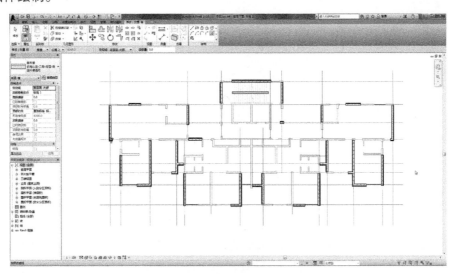

图10-55　绘制其他几道外墙

☑ 7）接下来使用编辑工具将这些墙体连接。

任一选择绘制的一道墙体，单击上下文选项卡【修改I墙】的【修改】面板的"修改/延伸为角"工具按钮 ▦ （图10-56），或者使用快捷键"TR"。

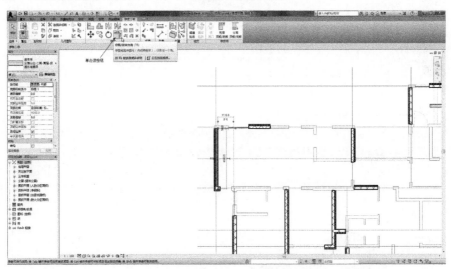

图10-56　选择"修改/延伸为角"工具

☑ 8）依次选择想要连接的两道墙体，则墙体被连接（图10-57）。

☑ 9）继续上述操作，完成其余外墙的连接（图10-58）。

☑ 10）按 ESC 键结束墙体编辑。

☑ 11）单击快速访问栏的三维显示按钮 ⌂ ，切换到三维视图状态；单击【视图】菜单中的"平铺"项，将之前打开的界面同时显示，并将各视图适当进行放缩，如图10-59。

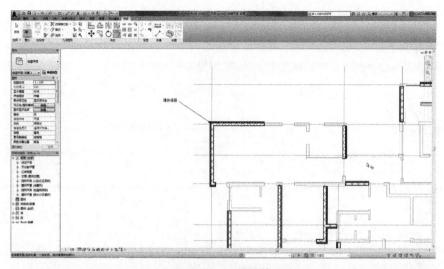

图10-57　连接墙体

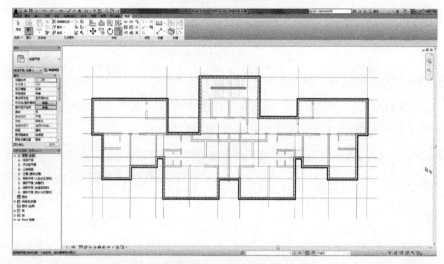

图10-58　连接其余外墙

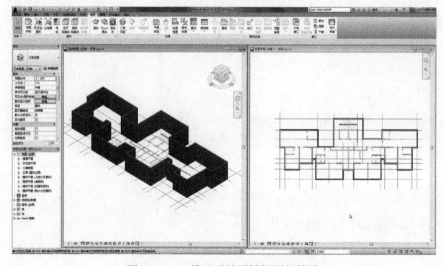

图10-59　三维显示并平铺视图的结果

使用同样的方法可以绘制建筑的内墙，再次就不再一一赘述。

10.1.2 柱

柱子分布于框架结构、框剪结构当中，另外部分建筑的出入口以及阳台也有可能需要绘制柱子。Revit中的柱子分两大类，一类是具有承重功能的"结构柱"，另一类是装饰示意功能的"建筑柱"。

结构柱带有分析线，可直接导入分析软件进行分析，通常由结构师设计和布置。结构柱需要单独设置，可以垂直绘制也可以倾斜绘制；混凝土结构柱内还可以放置钢筋，以满足施工图需要。

建筑柱主要是为建筑师提供柱子示意使用，可以创建比较复杂的造型，但是功能比较单薄。建筑柱能方便地与相连墙体统一材质，建筑柱与墙连接后，会与墙融合并继承墙的材质；但建筑柱只可以单击放置，而结构柱可以捕捉轴网交点放置，并且结构柱可以通过建筑柱转换。以下通过一个简单的示例看一下柱子的使用情况。

1. 结构柱

☑ 1）先绘制一个简单的轴网（图10-60）。

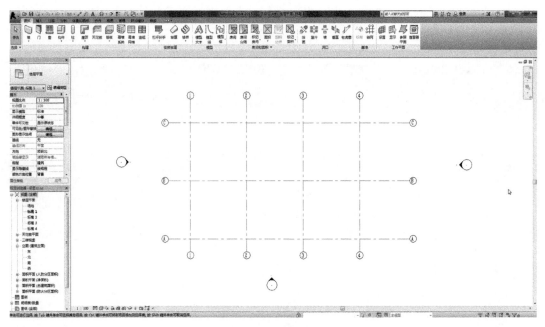

图10-60　绘制轴网

☑ 2）单击【建筑】选项卡下【构建】面板中的按钮，选择"结构柱"工具，如图10-61所示。

☑ 3）在【属性】中选择结构柱类型，单击 编辑类型 按钮，并在【类型属性】对话框中复制并设置柱子的相关参数。

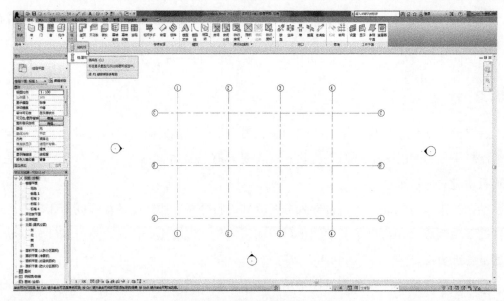

图10-61　选择"结构柱"工具

注意：本示例只是选择Revit自带的柱子类型，所以未做设置。在实际工程中，用户可以根据工程的实际需要创建相应的柱子族库，关于族的创建方法将在以后的章节中讲述。

☑ 4）柱子设定完成后，可以在轴网中放置柱子，放置时可以通过按空格键来调整柱子的放置方向。

放置柱子时，单击【修改|放置结构柱】上下文选项卡下【放置】面板中的 按钮，可以放置斜柱（图10-62）。

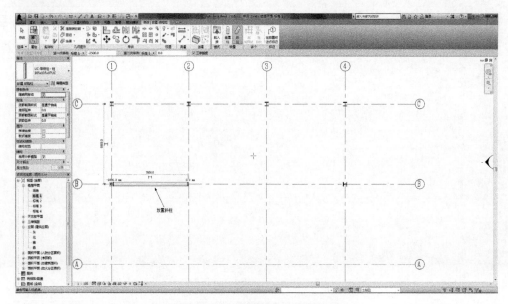

图10-62　在轴网中放置斜柱

☑ 5）放置完毕后，修改斜柱两端的高度参数（图10-63）。

☑ 6）柱子绘制完成后，按两次 ESC 键结束绘制状态。

☑ 7）单击快速访问栏的三维显示按钮 ，切换到三维视图状态，如图10-64所示。

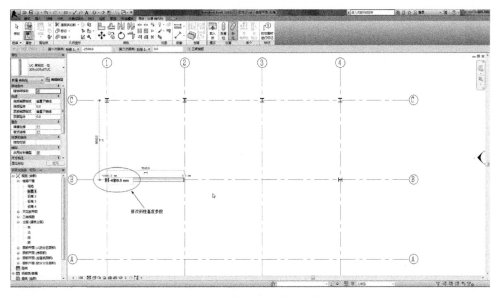

图10-63 修改斜柱高度参数

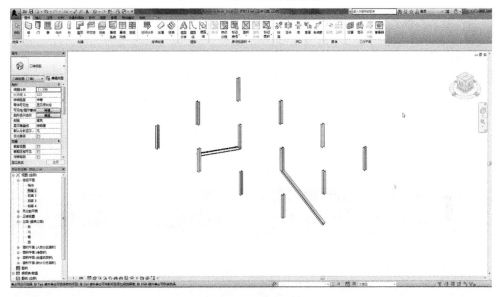

图10-64 三维显示结果

2. 建筑柱

建筑柱的绘制与结构柱完全相同，只是注意建筑柱绘制完成后，如果在柱间创建墙体，建筑柱与墙连接会与墙融合，并继承墙的材质。

10.1.3 幕墙

幕墙作为建筑的一个特殊构件，尤其是在公共建筑中应用频繁。在实际工程中，幕墙与普通墙柱不同，经常作为一个专项工程由专业公司设计、施工。

Revit默认的幕墙有三种类型：幕墙、外部玻璃、店面。此外Revit还在【建筑】选项卡下【构建】面板中提供了"幕墙系统""幕墙网格""竖梃"等几个工具。

以下是绘制幕墙的一个小示例。

1. 绘制幕墙

☑ 1）借用图10-60的柱网，绘制部分基本墙体，并将其顶部约束设定为"标高2"，结果如图10-65所示。

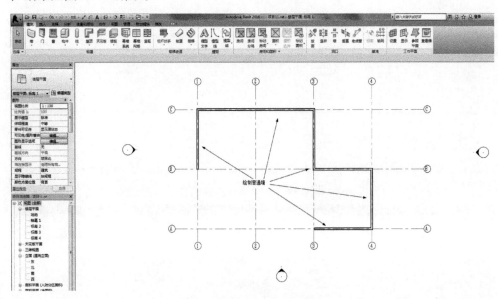

图10-65 绘制部分普通墙体

☑ 2）单击功能区【建筑】选项卡【构建】面板中"墙"工具按钮，在【属性】中选择"幕墙"，如图10-66所示。

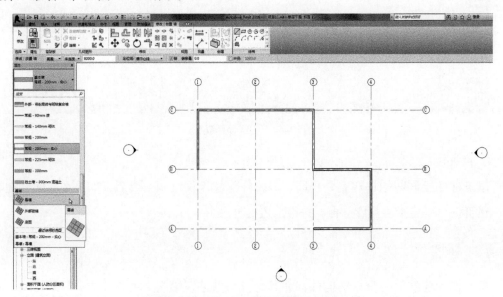

图10-66 在【属性】中选择"幕墙"

☑ 3）将顶部约束设定为"标高2"，然后捕捉轴网绘制幕墙（图10-67）。

☑ 4）单击快速访问栏的三维显示按钮，切换到三维视图状态；单击【视图】选项卡下【窗口】面板的"平铺"工具，将平面视图与三维视图同时显示（图10-68）。

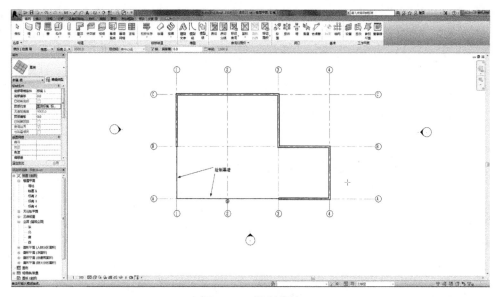

图10-67　绘制幕墙

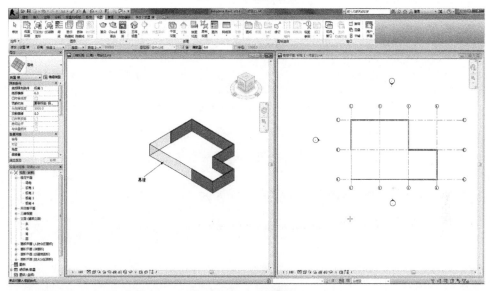

图10-68　平铺视图

从三维视图中可以明确看出幕墙与其他普通墙体不同。

2. 编辑幕墙

幕墙的编辑可以在绘制前进行编辑设置，方法如同之前的叠层墙设置，也可以先绘制，然后再进行编辑。本示例采用后一种方法，即先绘制，后编辑。

☑（1）单击已经绘制的幕墙。

☑（2）单击【属性】中的 🔳 编辑类型 按钮。

☑（3）在弹出的【类型属性】对话框中，单击 复制(D)... 按钮，将名称修改为"项目1-幕墙-1"（图10-69），然后单击 确定 按钮。

☑（4）设定幕墙的参数项。

1）构造参数的"功能"项设定为"外部"，如图10-70所示。

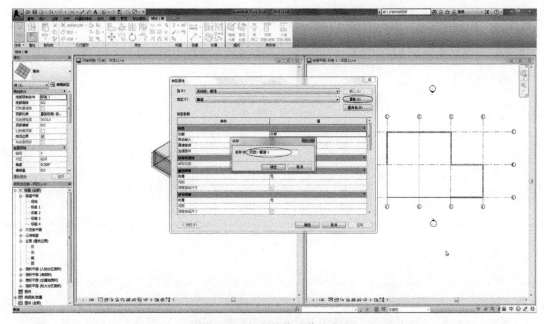

图10-69　复制并修改幕墙名称

图10-70　设定构造参数的"功能"项

2）勾选构造参数的"自动嵌入"项，如图10-71所示。

图10-71　勾选构造参数的"自动嵌入"项

3）构造参数的"幕墙嵌板"项设定为"玻璃"，如图10-72所示。

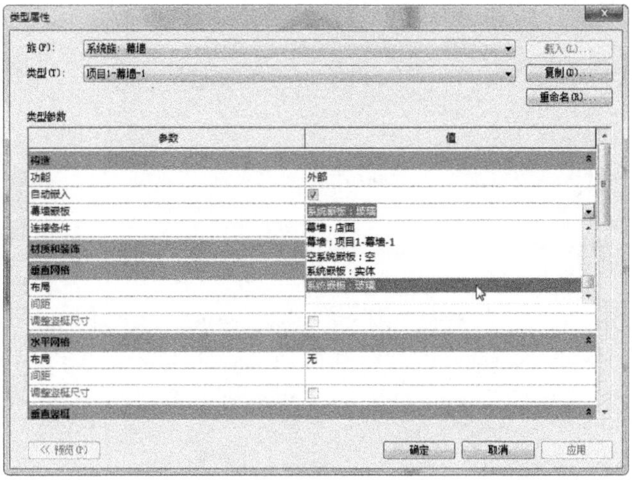

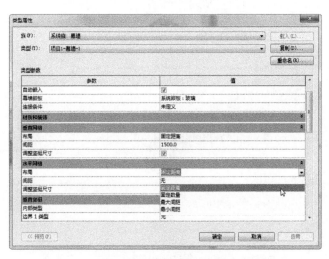

图10-72 设定构造参数的"幕墙嵌板"项

4）分别将"垂直网格"和"水平网格"参数的"布局"项设定为"固定距离"，如图10-73所示。

图10-73 设定网格参数项

"垂直网格"和"水平网格"参数的"布局"项主要是与幕墙的样式有关，这里只是简单介绍一下其基本设置方法。还有其他的设置项，请用户在练习中认真体会其区别。

5）设定"垂直竖梃"及"水平竖梃"的"内部类型"及"边界类型"（图10-74）。完成后，单击 确定 按钮。

☑（5）设置完成后的幕墙如图10-75所示。

☑（6）单击选择另外一面幕墙，然后单击【属性】中的 编辑类型 按钮。

☑（7）在弹出的【类型属性】对话框中，单击"类型"旁边的下拉按钮，选择"项目1-幕墙-1"，如图10-76所示。

图10-74　设定竖梃类型

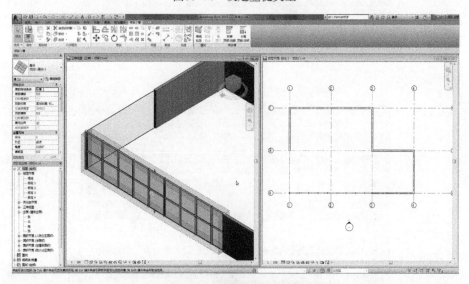

图10-75　设置完成的幕墙

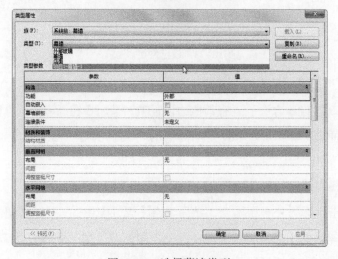

图10-76　选择幕墙类型

☑ （8）完成后，单击 **确定** 按钮，结果如图10-77所示。

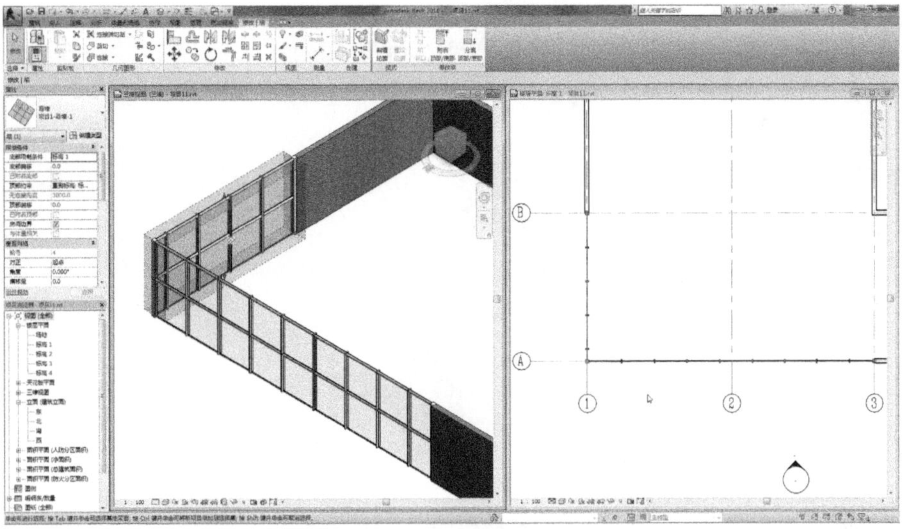

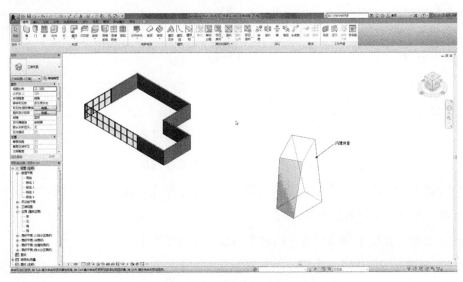

图10-77　完成后的结果

从以上示例中可以看出，如果多面幕墙为同一类型，只需设置一次即可；如果有不同类型，则需将名称复制修改，然后修改其参数即可完成不同幕墙的创建。

3. 幕墙系统

幕墙系统为一种由幕墙网格、嵌板和竖梃组成的构件。通常是选择体量的某个面创建为幕墙系统，然后利用上述方法创建幕墙细节；或者单击【建筑】选项卡的【构建】面板的"幕墙系统"工具，"幕墙网格"工具，以及"竖梃"工具来细化幕墙。以下，一起来看一个简单示例。

☑ 1）简单创建一个内建体量（图10-78）。

图10-78　创建一个内建体量

☑2）单击【建筑】选项卡的【构建】面板的"幕墙系统"工具 。

☑3）选择体量的一个面（图10-79）。

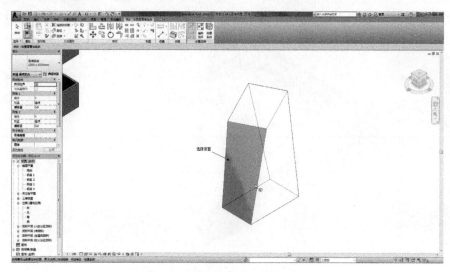

图10-79　选择内建体量的一个面

☑4）选择上下文选项卡【修改 | 放置面幕墙系统】的【多重选择】面板中的"创建系统"工具 ，结果如图10-80所示。

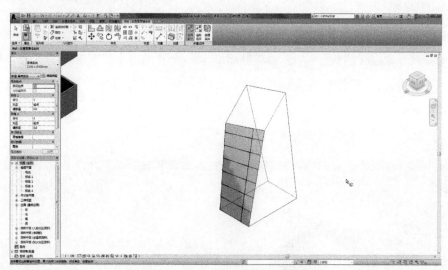

图10-80　选择"创建系统"后的结果

☑5）单击【建筑】选项卡的【构建】面板的"幕墙网格"工具 。

☑6）选择上下文选项卡【修改 | 放置幕墙网格】的【放置】面板中的"全部分段"工具 ，在幕墙面上添加网格（图10-81）。

☑7）单击【建筑】选项卡的【构建】面板的"竖梃"工具 。

☑8）选择上下文选项卡【修改 | 放置竖梃】的【放置】面板中的"全部网格线"工具 ，单击幕墙面，幕墙创建完成，结果如图10-82所示。

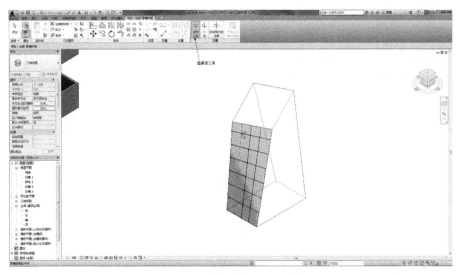

图10-81　在幕墙面上添加网格

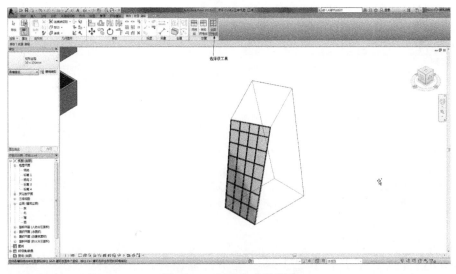

图10-82　创建完成的幕墙

在"幕墙网格"和"竖梃"中还有其他工具，请用户自行选择练习，在此就不再一一赘述。

10.2　插入门窗

门窗作为建筑必不可少的构件，在工程中多为专项工程，由专业公司根据设计图样制作、加工、安装。

门窗在建模过程中，需要注意其几何尺寸、造型、材质、物理指标、造价以及生产商等相关信息。

需要注意的是，门窗不能独立在模型中出现（创建族除外），必须有墙体作为载体。

10.2.1 插入门

接着以上的小示例，继续在模型中添加门窗。

☑ 1）单击【项目浏览器】中的"楼层平面"视图的"F1"，将视图替换到"F1平面视图"。

☑ 2）单击【建筑】选项卡的【构建】面板的"门"工具。

☑ 3）在【属性】中选择门的类型（图10-83）。

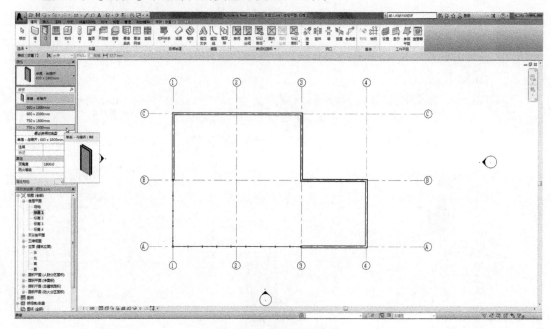

图10-83 选择门的类型

☑ 4）然后单击【属性】中的 编辑类型 按钮。

☑ 5）在弹出的【类型属性】对话框中，复制并修改名称，比如"单扇-房间门-900×2100"。

☑ 6）修改【类型属性】对话框中的参数，比如"门宽"和"门高"以及"分析构造"等（图10-84）。

☑ 7）完成后，单击 确定 按钮。

☑ 8）拖动鼠标在墙体的适当位置放置门扇，放置时鼠标与墙体墙面位置决定门扇的内外开启，按空格键可以调整门扇的左右开启（图10-85）。

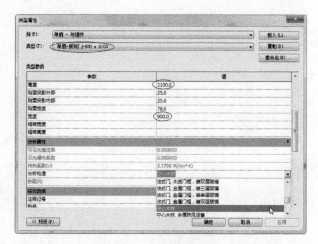

图10-84 修改类型属性

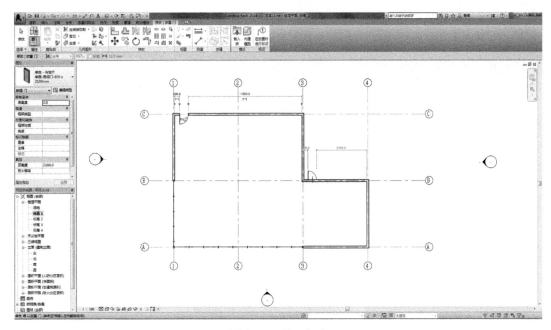

图10-85 放置门扇

10.2.2 插入窗

窗的插入方法与门类似。

☑ 1）单击【建筑】选项卡的【构建】面板的"窗"工具 ▦。

☑ 2）在【属性】中选择窗类型，并修改属性参数（如"底高度"），如图10-86。

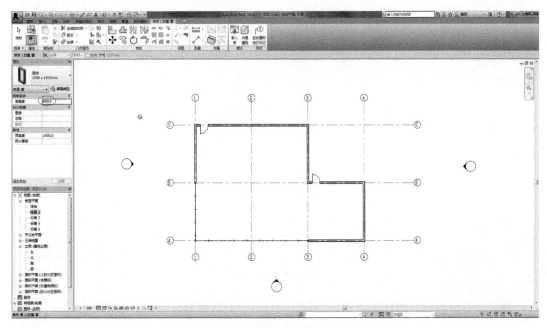

图10-86 修改窗的属性参数

☑3）单击【属性】中的 [编辑类型] 按钮。

☑4）在弹出的【类型属性】对话框中，复制并修改名称，比如"外窗-1500×1500"；并修改其中的相关参数，比如材质、几何尺寸等（图10-87）。

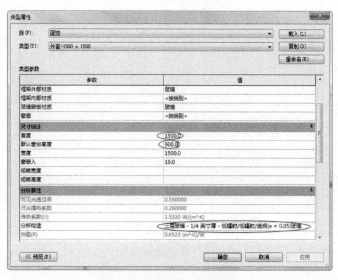

图10-87 修改窗的类型属性

☑5）完成后，单击 [确定] 按钮。

☑6）拖动鼠标在墙体的适当位置放置窗，如图10-88所示。

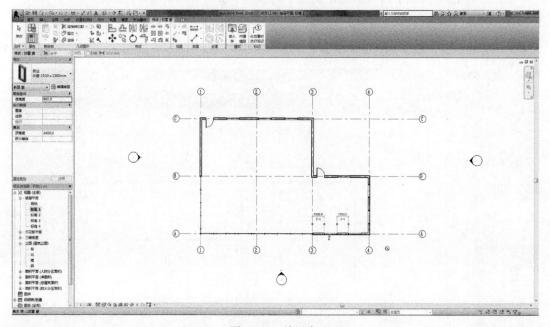

图10-88 放置窗

☑7）单击快速访问栏的三维显示按钮 ⌂，切换到三维视图状态；单击【视图】选项卡下【窗口】面板的"平铺"工具，将平面视图与三维视图同时显示（图10-89）。

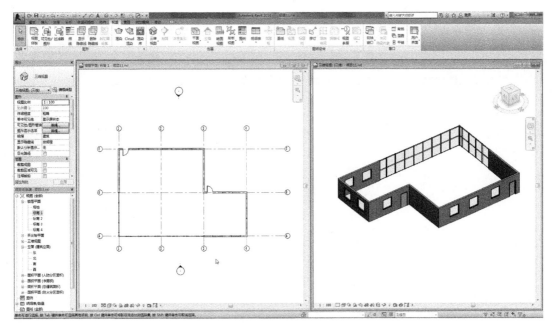

图10-89 平铺视图

以上示例，仅仅是借用Revit自带的门窗族，讲述了门窗的插入方法，在实际工程中，还需要大量的门窗族来完成，关于族的创建方法将在以后的章节中重点讲解。

10.3 创建楼梯、栏杆、扶手

楼梯是楼房中的重要构件之一，起着联系上下层垂直交通的作用，楼梯的样式多种多样，在Revit中可以通过定义楼梯梯段或绘制踢面线、边界线来创建楼梯；也可以直接定义直跑梯、带平台的L形楼梯、U形楼梯和螺旋楼梯等。

在多层建筑物中，可以先只设计一组楼梯，然后修改楼梯属性中定义的标高，就能为其他楼层创建相同的楼梯。

10.3.1 绘制楼梯

单击【建筑】选项卡的【楼梯坡道】面板的"楼梯"工具下方的小黑三角部分，可以看到创建楼梯的两个工具，即"楼梯（按构件）"和"楼梯（按草图）"，如图10-90所示。

其中，按"草图"模式是Revit早期开发的工具，其原理是通过绘制踢面线、边界线来创建楼梯；按"构件"模式是Revit 2013之后发布的新功能，其涵盖了"按草图"模式下的所有创建功能，并且增加了更多新功能。

以下就简单介绍这两种工具的基本使用情况。

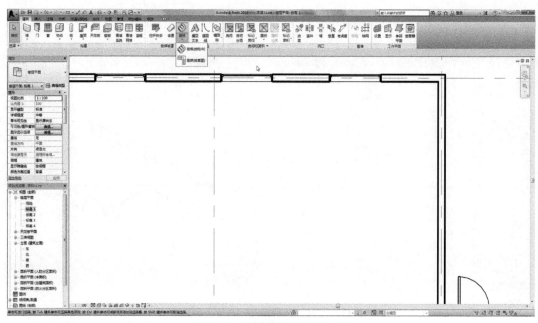

图10-90　创建楼梯的两个工具

1. 按"草图"创建楼梯

按"草图"创建楼梯，主要是通过定义楼梯梯段或绘制踢面线和边界线，在视图中（建议采用平面视图）创建楼梯，楼梯类型包括直线梯段、带平台的 L 形梯段、U 形楼梯和螺旋楼梯。如果通过修改草图来改变楼梯的外边界，其踢面和梯段会相应更新。

☑（1）单击【建筑】选项卡的【楼梯坡道】面板的"楼梯"工具下方的小黑三角部分，选择"楼梯（按草图）"按钮。

☑（2）在【属性】中选择楼梯类型，比如选择"整体浇筑楼梯"，并单击编辑类型按钮。

☑（3）在弹出的【类型属性】对话框中，单击复制(D)按钮，将当前楼梯族复制并修改其名称（如多层-整体浇筑楼梯-1）。然后单击确定按钮，关闭【名称】对话框。

☑（4）修改其相应参数，包括踏板深度、踢面高度、材质等，如图10-91所示。

☑（5）完成后单击确定按钮，关闭【类型属性】对话框。

☑（6）上下文选项卡【修改|创建楼梯草图】的【绘制】面板中有三个工具：梯段、边界、踢面。

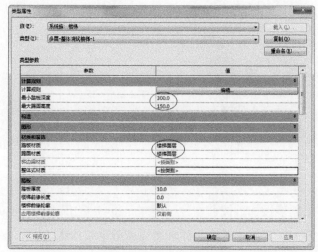

图10-91　修改【类型属性】对话框中的参数

梯段工具 <i>梯段</i>：通过确定线的起点和端点，来绘制一段楼梯。

边界工具 <i>边界</i>：绘制两条线作为楼梯的边界。

踢面工具 <i>踢面</i>：在已经绘制的楼梯边界中，逐一绘制楼梯踏步。

这里有两种方法创建楼梯，一种是直接利用梯段工具绘制楼梯；另一种是边界工具和踢面工具结合使用，如同在平面图中完整绘制楼梯平面图。

1）直接利用梯段工具绘制。

首先单击上下文选项卡【修改 | 创建楼梯草图】的【绘制】面板中的梯段工具 <i>梯段</i>。

接着，在视图中的适当位置单击左键以确定梯段的起点（位置可以随意确定，等楼梯创建完成后再利用移动工具调整）；拖动鼠标在出现踏步相关数量时再单击鼠标左键，可以创建一段楼梯（图10-92）。

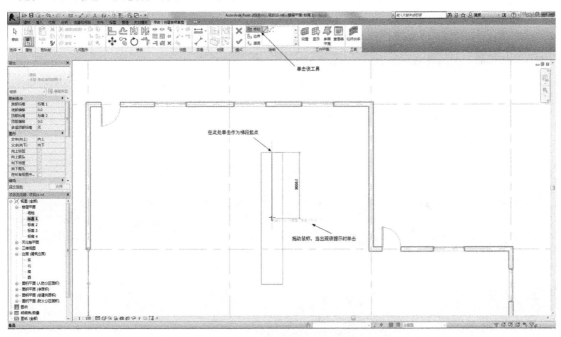

图10-92 确定梯段的起点和端点

注意：如果要绘制直梯，剩余踏步数量为0；这里的踏步总数量是Revit根据层高和设置的踏步高度自动计算出来的；另外绘制梯段时是以梯段中心来定位的；关于梯段宽度，可以在楼梯大致形状确定后再调整。

确定出第一段楼梯后，再利用上述方法在水平方向确定另一段楼梯的起点和端点，这样就可以创建一部L形的楼梯（如果反向在垂直方向确定梯段，可以创建平行双跑楼梯），如图10-93所示。

完成后，单击上下文选项卡【修改 | 创建楼梯草图】的【模式】面板中的 按钮，结果如图10-94所示。

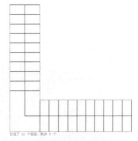

图10-93 再确定另一段
梯段的起点和端点

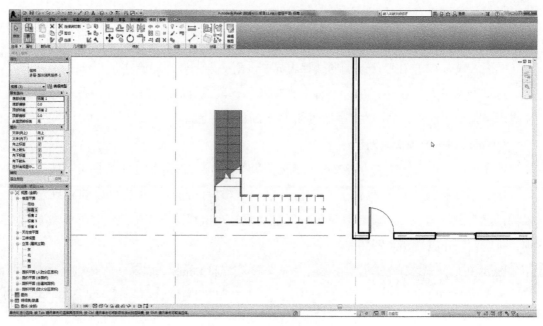

图10-94　创建完成的L形楼梯

2）利用边界工具和踢面工具绘制。

首先，单击上下文选项卡【修改 | 创建楼梯草图】的【绘制】面板中的边界工具 边界，在视图中绘制两条线（直线曲线均可）作为楼梯边界（图10-95）。

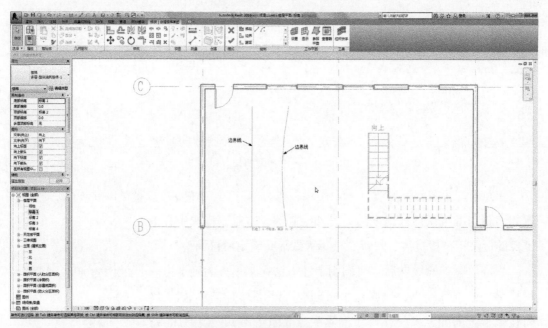

图10-95　绘制楼梯的边界线

接着单击上下文选项卡【修改 | 创建楼梯草图】的【绘制】面板中的踢面工具 踢面，在边界线中注意添加踢面线，如图10-96所示。

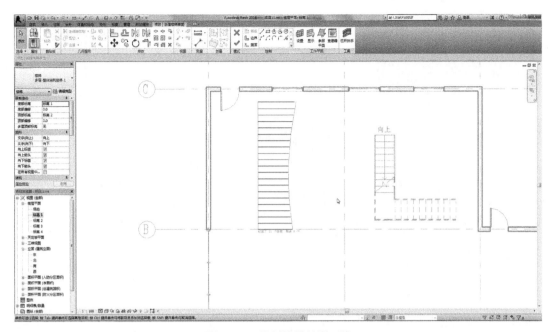

图10-96　绘制楼梯的踢面线

完成后，单击上下文选项卡【修改 | 创建楼梯草图】的【模式】面板中的 ✔ 按钮，结果如图10-97所示。

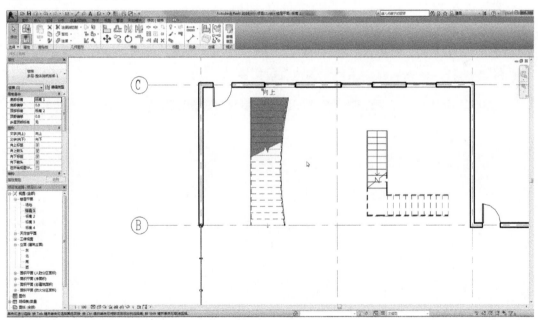

图10-97　绘制完成的楼梯

使用上述方法绘制楼梯时，如果边界线的长度与楼梯实际上都不同时，可以借助延伸或修剪工具。

单击快速访问栏的三维显示按钮 ⌂，切换到三维视图状态；单击【视图】选项卡下【窗口】面板的"平铺"工具，将平面视图与三维视图同时显示（图10-98）。

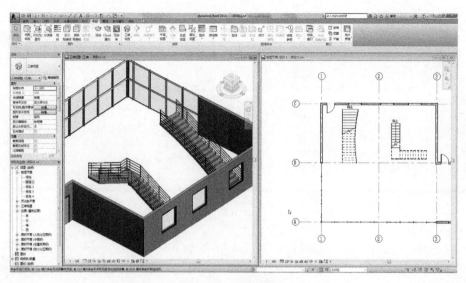

图10-98　平铺视图

2. 按"构件"创建楼梯

接下来，再来看一下按"构件"创建楼梯的简单操作。

☑1）将之前创建的楼梯删除，切换到平面视图状态。

☑2）在【属性】中选择楼梯形式。

☑3）单击上下文选项卡【修改 | 创建楼梯】的【构件】面板中的梯段工具。

☑4）在参数栏中将定位方式设定为"左"，修改楼梯宽度为"1650"；并勾选"自动平台"（图10-99），拖动鼠标先创建直段楼梯。

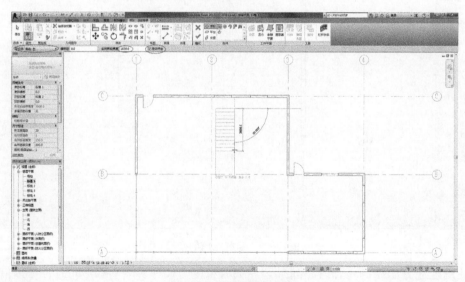

图10-99　修改楼梯参数

☑5）再次单击楼梯草图右端的端点，然后向右拖动鼠标，出现"剩余0个"提示时单击左键，则一部L形楼梯草图完成（图10-100）。

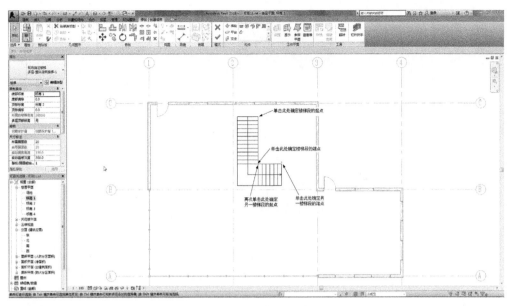

图10-100 创建楼梯草图

☑6）单击上下文选项卡【修改 | 创建楼梯】的【模式】面板中的✔按钮，结果如图10-101所示。

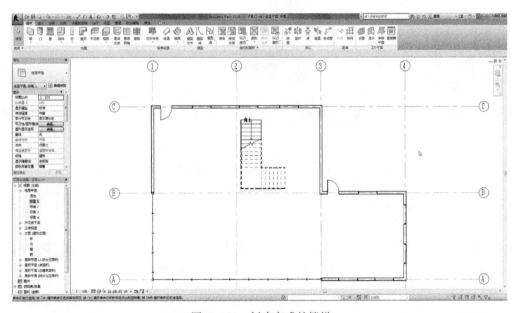

图10-101 创建完成的楼梯

从以上示例中可以看出，按"构件"创建楼梯比按"草图"创建更为方便快捷。

3. 多层楼梯绘制

对于多层（高层）楼梯每层均相同，可以绘制一层楼梯，通过设置参数即可完成。

☑1）单击【属性】中的"多层顶部标高"项（图10-102）。

☑2）选择多层楼梯的顶部标高层，结果如图10-103所示。

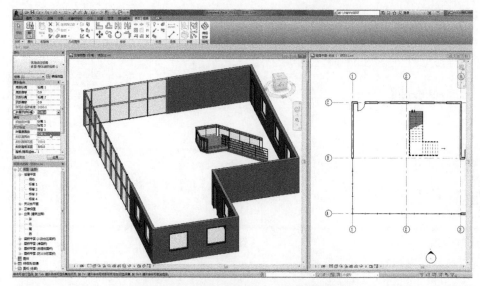

图10-102 单击【属性】的"多层顶部标高"

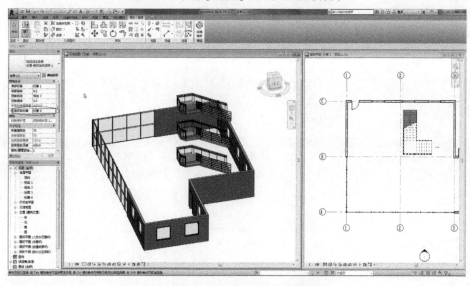

图10-103 创建多层楼梯的结果

10.3.2 绘制栏杆、扶手

栏杆扶手通常由扶手、栏杆、嵌板和支柱等构件组成，在Revit中，栏杆、扶手通常是成组出现，可以单独创建，也可以附着于楼梯、阳台、坡道等构件。

Revit能够自动生成楼梯的栏杆扶手。创建新楼梯时可以指定要使用的栏杆扶手类型。

1. 更改栏杆、扶手类型

以图10-101所创建的楼梯为例，简单看一下更改栏杆、扶手类型的基本操作。

☑1）单击快速访问栏的三维显示按钮 🏠，切换到三维视图状态；单击【视图】选项卡下【窗口】面板的"平铺"工具，将平面视图与三维视图同时显示。

☑2）单击三维视图中的楼梯栏杆，在【属性】中重新选择栏杆类型，如"玻璃嵌板-底部填充"，如图10-104所示。

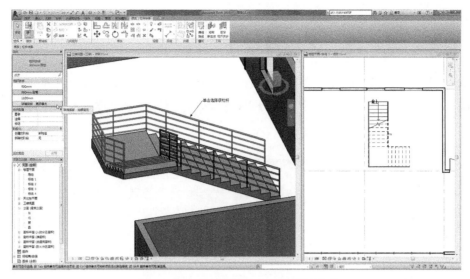

图10-104　在【属性】中选择栏杆类型

✓3）选择后楼梯栏杆、扶手被自动替换（图10-105）。

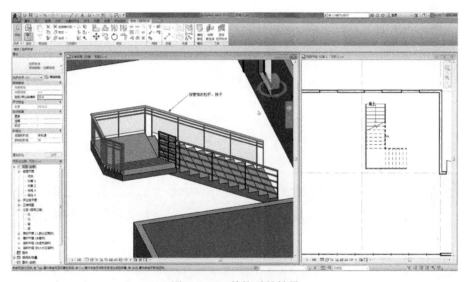

图10-105　替换后的结果

以上操作是利用Revit中原有族库进行创建，如果用户对现有类型不满意，一方面可以根据工程需要创建外部族库，载入后进行替换；还可以直接单击【属性】中的 编辑类型 按钮，在弹出的【类型属性】对话框中将当前构件复制并重新命名后进行修改，这种方法已经使用多次，在此就不再赘述。

2. 创建单独的栏杆、扶手

当阳台等构件创建完成后，需要单独创建栏杆或扶手，这时可以直接使用 工具完成。

"栏杆扶手"工具有两种创建方法：一种是单击 工具中的按钮 ，通过绘制栏杆的轮廓位置来创建独立的栏杆、扶手；另一种是单击 工具中的按钮 ，通过拾取主体或编辑路径将栏杆、扶手放置到已经创建的楼梯或坡道上。以下就简单看一下这两种方法的简单使用情况。

（1）通过绘制路径创建栏杆、扶手

☑1）单击【建筑】选项卡的【楼梯坡道】面板的"栏杆扶手"工具🔲中的🔲按钮。

☑2）在上下文选项卡【修改｜创建栏杆扶手路径】的【绘制】面板中选择相应的绘制工具，绘制栏杆扶手的路径（图10-106）。

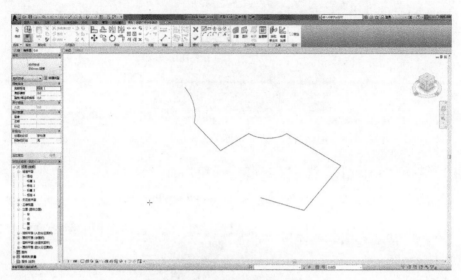

图10-106　绘制栏杆扶手的路径

☑3）完成后，单击上下文选项卡【修改｜创建栏杆扶手路径】下【模式】面板中的✔️按钮，栏杆扶手创建完成，如图10-107所示。

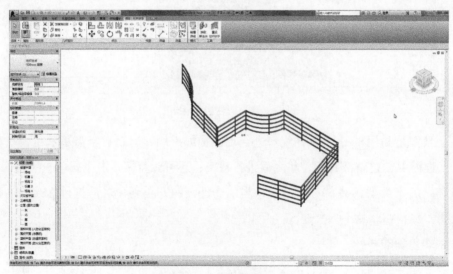

图10-107　绘制完成的栏杆扶手

如果对所创建的栏杆扶手轮廓不满意，可以单击上下文选项卡【修改｜栏杆扶手】下【模式】面板中的"编辑路径"按钮🔲，重新修改其路径，然后重新生成新的栏杆扶手。

如果想修改栏杆扶手的类型，可以在【属性】中选择相应的栏杆扶手类型进行替换，或者单击【属性】中的 ![编辑类型] 按钮，将当前的栏杆扶手名称进行复制修改，然后修改其中的各项参数，从而修改栏杆扶手的外观。

（2）将创建的栏杆、扶手放置在主体上

☑ 1）单击【建筑】选项卡的【楼梯坡道】面板的"坡道"工具 ![坡道] ，任意绘制一段坡道（这里仅做一个示例，所以坡道未做任何参数设置）。

☑ 2）删除自动生成的栏杆扶手，如图10-108所示。

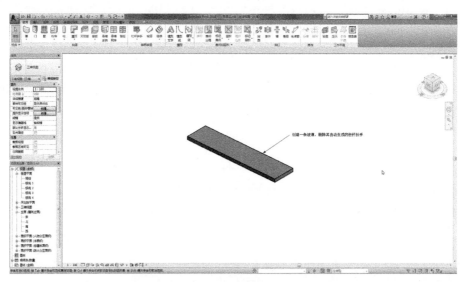

图10-108　绘制一段坡道并删除其栏杆扶手

☑ 3）单击【建筑】选项卡的【楼梯坡道】面板的"栏杆扶手"工具 ![栏杆扶手] 中的 ![放置在主体上] 按钮。

☑ 4）单击上下文选项卡【修改 | 创建主体上的栏杆扶手位置】下的【位置】面板的 ![拾取] 按钮，然后选择所创建的坡道，则坡道被添加所选定类型的栏杆扶手（图10-109）。

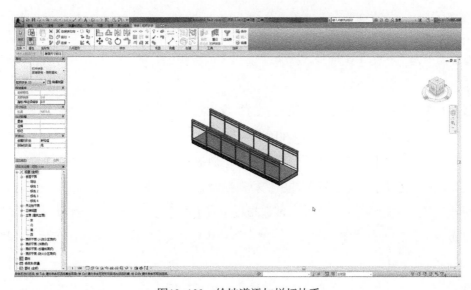

图10-109　给坡道添加栏杆扶手

该操作对于修改楼梯的栏杆扶手位置较有效，可以通过选择▐▓和▐▓按钮来确定栏杆扶手的位置。

10.4　创建楼板

楼板的构造层次包括顶棚、结构层、面层。Revit【建筑】选项卡下的【构建】面板中，提供了两种创建工具：一种是"楼板"工具，主要用于创建普通建筑的楼层（包括顶棚、结构层、面层）；另一种是"天花板"工具，是在既有楼板的基础上创建复合顶棚，可以自动创建，也可以通过绘制轮廓的方法创建，多用于精装修建筑的顶棚创建。

创建楼板可通过拾取墙、拾取线或使用绘制线工具来完成。用"拾取墙"的创建方式创建的楼板，在楼板和墙体之间是保持关联的，当墙体位置改变后，楼板也会自动更新。顶棚的绘制和编辑与楼板类似，可以由墙定义或选择任意一个绘制工具绘制。

需要注意的是，楼板的绘制视图是"楼层平面"（从上往下看），而顶棚的绘制视图是"顶棚平面"（从下往上看）。关于顶棚的创建就不再赘述。

以下看一下关于楼板的创建方法。

关于楼板的创建，Revit中提供了包括"楼板：建筑""楼板：结构""面楼板"和"楼板：楼板边"四种方式。其中"楼板：建筑"与"楼板：结构"创建方法类似，只是"楼板：结构"的参数多了钢筋的参数设置项，用该工具创建的楼板可以作为结构构件用于结构分析，对于创建建筑模型来说，建议使用"楼板：建筑"方式；"面楼板"主要用于将体量楼层转换为楼板；而"楼板：楼板边"可以将所创建的楼板边缘按选择的边缘形式加厚或者增加类似于槽钢之类的构件，这种方式应用也不是很多。

10.4.1　在模型中创建楼板

☑ 1）单击【视图】选项卡，选择【窗口】面板中的▤ 平铺工具，将平面与三维视图平铺显示。

☑ 2）在平面视图中将已经创建完成的楼梯用移动和旋转工具将其调整到适宜位置，并将外墙的窗进行适当调整（图10-110）。

☑ 3）单击选择【建筑】选项卡下【构建】面板的"楼板"工具中的▣楼板:建筑按钮。

☑ 4）在【属性】中将限制条件中的标高项设定为"标高2"。

☑ 5）在上下文选项卡【修改｜创建楼层边界】的【绘制】面板中选择绘制工具（比如选择直线），并勾选"链"参数项，然后平面视图中依次捕捉选择墙体上的点（图10-111）。

☑ 6）完成后，单击上下文选项卡【修改｜创建楼层边界】的【模式】面板中的✔按钮，结果如图10-112所示。

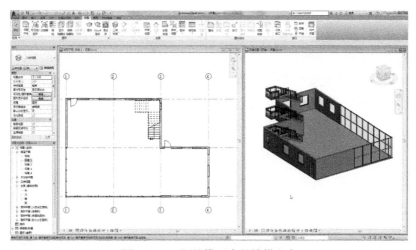

图10-110　调整模型中的楼梯和窗

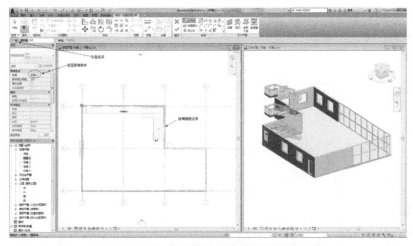

图10-111　设定参数项并绘制楼板边界

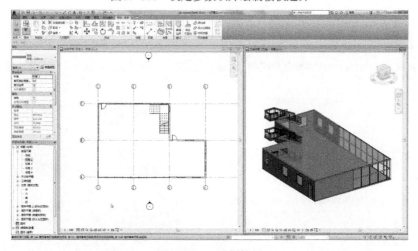

图10-112　绘制结果

创建楼板时注意，如同其他构件的创建，可以在创建之初选择楼板类型并编辑其属性，也可以在创建完成后再选择楼板类型并编辑其属性。

10.4.2 在楼板中开设洞口

☑ 1）双击【项目浏览器】中平面视图的"标高2"，切换到标高2视图。

☑ 2）单击【视图】选项卡，选择【窗口】面板中的 平铺 工具，将平面与三维视图平铺显示。在标高2视图中可以看到楼板封闭了楼梯处的洞口，这时就需要在楼板上开设洞口。

☑ 3）单击选择【建筑】选项卡下【洞口】面板中的 按钮或 按钮。

注意：选择 按钮时，创建的洞口与构件的面垂直；选择 按钮时，创建的洞口与地面垂直。对于水平楼板，创建垂直洞口时，使用这两个工具的结果相同。

☑ 4）在标高2视图中选择所创建的楼板，进入创建洞口草图状态（图10–113）。

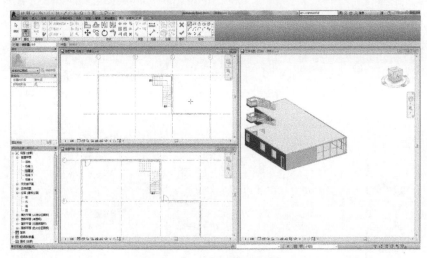

图10–113　选择楼板创建洞口

☑ 5）选择绘制工具（比如直线），在标高2视图中沿楼梯轮廓绘制一个闭合区域，完成后，单击上下文选项卡【修改 | 创建洞口边界】的【模式】面板中的 按钮，结果如图10–114所示。

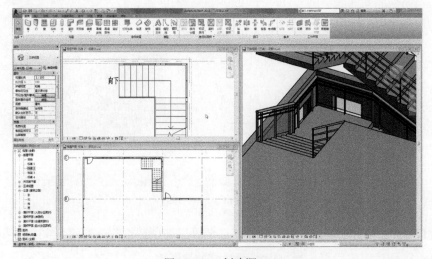

图10–114　创建洞口

在【洞口】面板中还有给墙体开设洞口的工具 📋，竖井工具 📋 以及老虎窗工具 ✎，其操作原理基本相同，在此就不再一一叙述。

10.5 创建屋顶

屋顶是建筑物的重要组成部分，也被称为"第五立面"，在建筑设计中起着至关重要的作用。

Revit中提供了三种屋顶的创建方法：一种是迹线屋顶，通过绘制屋顶的边界轮廓，设定坡度后形成的屋顶；一种是拉伸屋顶，主要通过绘制屋顶的断面轮廓，然后通过拉伸生成屋顶，如同CAD中的【Extrude】命令；再有一种就是面屋顶，是使用体量创建屋顶。

另外还有关于屋顶配件的小工具，比如屋檐底板、封檐板以及檐槽（即天沟）等。

10.5.1 创建迹线屋顶

1. 创建其余楼层

☑ 1）在"标高1"视图中用窗口方式选择已经完成的模型，然后单击上下文选项卡【修改 | 选择多个】下【选择】面板中的"过滤器"按钮 ▽，或者单击右下角的过滤器按钮 ▽:28（图10-115）。

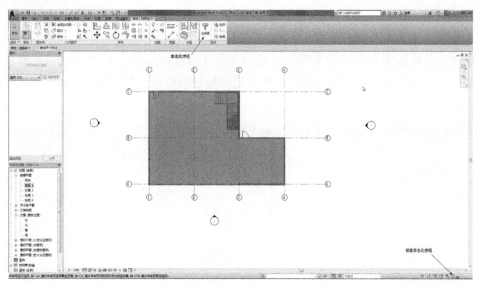

图10-115　选择模型并单击过滤器按钮

☑ 2）在弹出的【过滤器】对话框中，除了墙、门、窗构件外，将其余选项的勾选去掉（图10-116）。

☑ 3）完成后，单击 确定 按钮关闭对话框，则标高1的墙体、门、窗构件被选中（图10-117）。

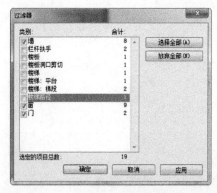

图10-116 在【过滤器】对话框中确定选择项

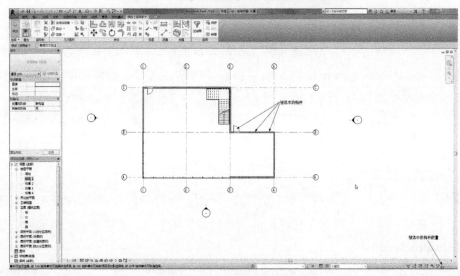

图10-117 被选中的构件

☑ 4）单击上下文选项卡【修改 | 选择多个】下【剪贴板】面板中的"复制到剪贴板"按钮，然后再单击【剪贴板】面板中的"复制到剪贴板"按钮下的"与选定标高对齐"工具，如图10-118所示。

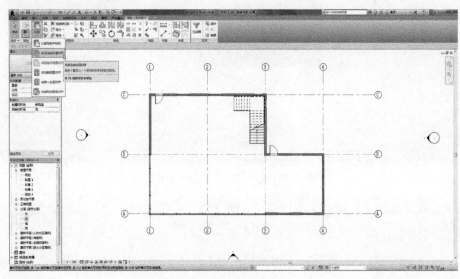

图10-118 选择"与选定标高对齐"工具

✓5）在弹出的【选择标高】对话框中，选择"标高2"
（图10-119），完成后单击 <u>确定</u> 按钮。

✓6）单击快速访问栏的三维显示按钮，切换到三维
视图状态，可以发现"标高1"中所选的构件被复制到"标高
2"（图10-120）。

图10-119 在【选择标高】
对话框中，选择标高

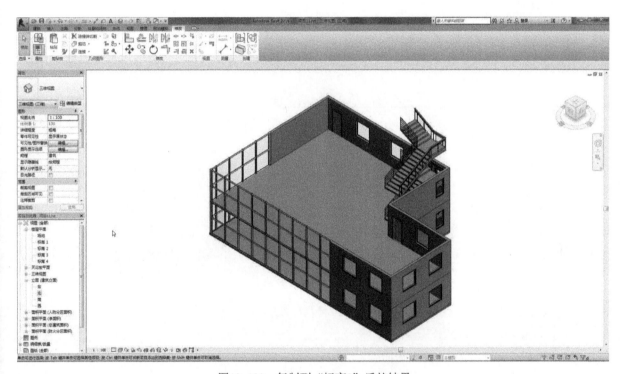

图10-120 复制到"标高2"后的结果

✓7）重复使用上述方法，依次将楼板、墙、门、窗等构件复制到"标高3""标高
4"，如图10-121所示。

2. 添加迹线屋顶

✓1）在【项目浏览器】中单击"标高4"视图，单击【视图】选项卡的【窗口】面
板中的"平铺"工具 平铺 ，将"标高4"视图与三维视图平铺显示，以便于观察模型的创
建效果。

✓2）激活"标高4"视图，单击【建筑】选项卡的【构建】面板中 工具下方的小黑
三角，选择"迹线屋顶"按钮 迹线屋顶 ，如图10-122所示。

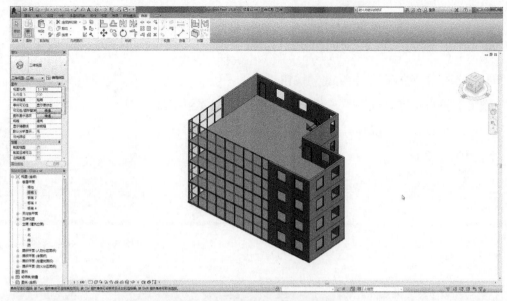

图10-121 复制完成后的结果

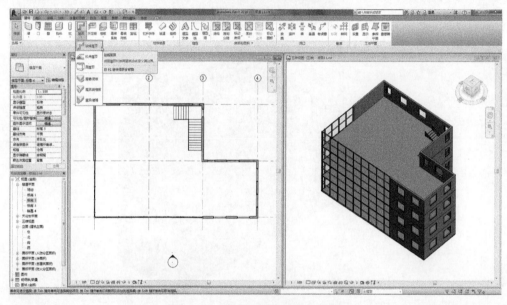

图10-122 选择"迹线屋顶"按钮

☑ 3）在【属性】中选择屋顶类型，设定底部标高；并在参数栏设置相应参数，比如偏移量"450""定义坡度"等（图10-123）。

☑ 4）在上下文选项卡【修改 | 创建迹线屋顶】的【绘制】面板中选择绘制工具（比如直线），按顺时针方向依次捕捉"视图4"中的轴线交点，绘制过程中可以单击坡度符号来修改坡度（图10-124）。

☑ 5）完成后单击上下文选项卡【修改 | 创建迹线屋顶】的【模式】面板中✔工具，结果如图10-125所示。

☑ 6）单击【建筑】选项卡的【构建】面板中▨工具下方的小黑三角，选择"檐槽"按钮▨，在三维视图中依次单击屋顶轮廓边线，在屋顶中添加天沟，如图10-126所示。

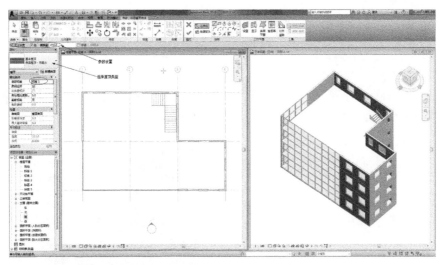

图10-123　选择屋顶类型并设置相关参数

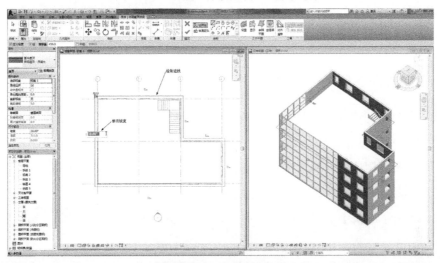

图10-124　绘制屋顶迹线

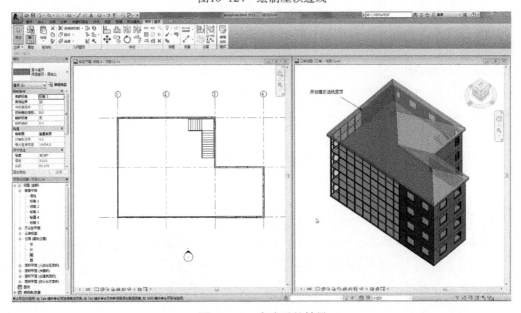

图10-125　完成后的结果

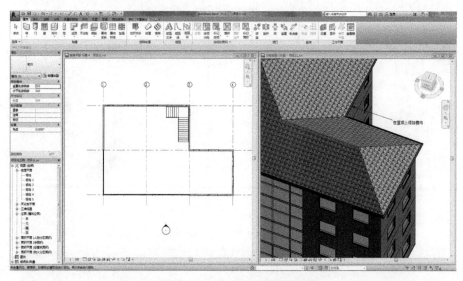

图10-126 在屋顶中添加檐沟

10.5.2 创建拉伸屋顶

拉伸屋顶是通过在指定标高或参照面上绘制屋顶的截断面轮廓来创建一定长度的屋顶，如同CAD中的【Extrude】、【Loft】、【Tabsurf】等命令的操作方式。

以下就简单介绍该工具的基本操作情况。

☑ 1）在项目浏览器中双击选择一个立面视图（比如"北"）。

☑ 2）单击【建筑】选项卡的【构建】面板中 工具下方的小黑三角，选择"拉伸屋顶"按钮 拉伸屋顶，如图10-127所示。

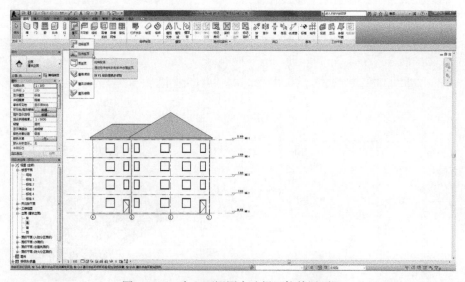

图10-127 在立面视图中选择"拉伸屋顶"

☑ 3）在弹出的【工作平面】对话框中，选择"参照平面：轮廓平面"项（图10-128），完成后，单击 确定 按钮。

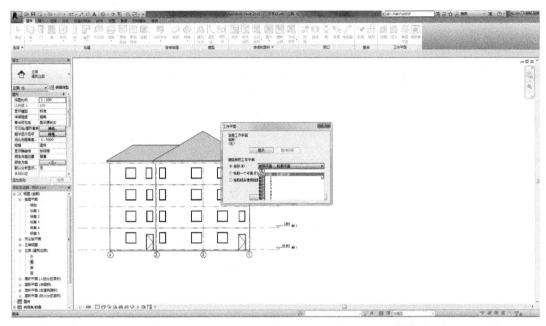

图10-128 在【工作平面】对话框中确定工作平面

☑ 4）在系统弹出的【屋顶参照标高和偏移】对话框（图10-129）中，选择相应的标高层（如"标高5"）以确定所创建屋顶的标高位置，完成后单击 确定 按钮。

☑ 5）在【属性】中选择屋顶的类型，然后在上下文选项卡【修改 | 创建拉伸屋顶轮廓】的【绘制】面板中选择绘制工具，绘制屋顶轮廓（图10-130）。

图10-129 【屋顶参照标高和偏移】对话框

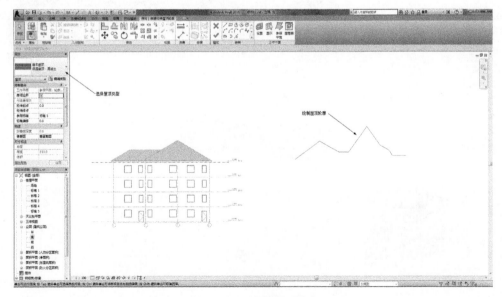

图10-130 绘制屋顶轮廓

☑ 6）完成后单击上下文选项卡【修改 | 创建拉伸屋顶轮廓】的【模式】面板中 ✔ 工具，并在三维视图中显示，结果如图10-131所示。

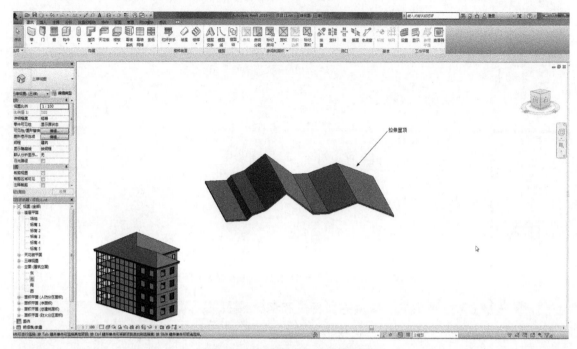

图10-131　创建完成的"拉伸屋顶"

创建完成后，可以单击创建的屋顶修改其拉伸长度（图10-132），或者单击上下文选项卡【修改 | 屋顶】的【模式】面板中的"编辑轮廓"按钮，重新修改屋顶轮廓。

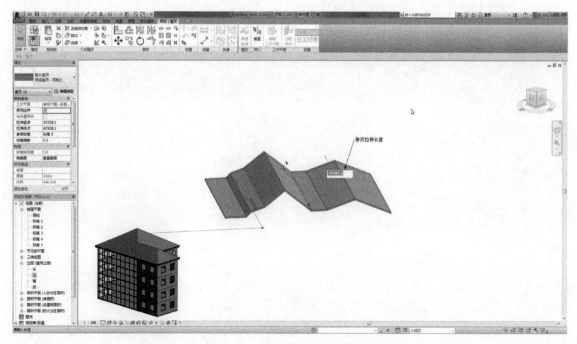

图10-132　修改拉伸屋顶的长度

10.5.3 创建面屋顶

面屋顶是为体量创建屋顶，其操作方法与前两种屋顶基本类似。以下是面屋顶的简单操作过程。

☑1）简单创建一个内建体量，并进行相应的楼层划分（图10-133）。

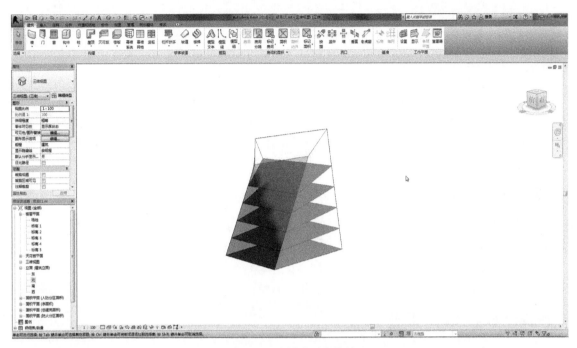

图10-133 创建一个体量

☑2）单击【建筑】选项卡的【构建】面板中⬚工具下方的小黑三角，选择"面屋顶"按钮⬚。

☑3）在【属性】中选择屋顶的类型，然后选择体量的上表面，单击上下文选项卡【修改｜放置面屋顶】的【多重选择】面板中的"创建屋顶"按钮⬚，面屋顶创建完成，结果如图10-134所示。

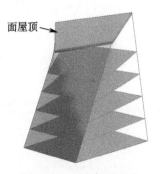

面屋顶

图10-134 创建面屋顶

第11章

族的创建与使用

族是一个重要组成要素。在Revit当中，添加到项目的所有图元（用于组合成建筑模型的结构构件、墙、屋顶、窗和门，以及用于由建筑模型创建施工图的详图索引、布局、标记和详图构件等）都是基于族所创建的。正是有了族的存在，用户才得以实现参数化设计，才能够更轻松地管理数据和进行修改。

族具有开放性和灵活性，用户可以自由灵活地修改族类型的尺寸、形状、材质、可见性或其他参数变量，以便于更好地为项目服务。

通过族，还可以进行某种级别的控制，以便轻松地修改设计和更高效地管理项目。

11.1 族的基本概念

11.1.1 族的类型

族的概念如同CAD中的图块，是众多图元的集合，因此曾经有人把族简单描述为具有一定属性的图块。与图块所不同的是，族的属性（参数）功能更为强大。

族通常可以分为系统族、可载入族和内建族等几种类型。

1. 系统族

系统族是在Revit中预定义的族，是在项目中预定义并只能在项目中进行创建和修改的族类型（如墙、楼板、顶棚等）。它们不能作为外部文件载入或创建，但可以在项目和样板之间复制和粘贴或者传递系统族类型。

系统族包含基本建筑构件，例如墙、窗和门、楼梯、楼板、顶棚、屋顶以及其他要在施工场地装配的图元。另外，能够影响项目环境且包含标高、轴网、图样和视口类型的系统设置也是系统族。

2. 可载入族

可载入族（又称为标准构件族）是使用族样板在项目外创建的族（*.rfa）文件，可以载入到项目当中，具有可自定义的特征，因此可载入族是用户最经常创建和修改的族。

在默认情况下，可以在项目样板中载入标准构件族，但更多标准构件族存储在构件库中。使用族编辑器可以复制和修改现有构件族，可以将它们载入项目，从一个项目传递到另一个项目，而且如果需要还可以从项目文件保存到用户自己的构件库中。

另外，用户也可以根据各种族样板创建新的构件族。族样板可以是基于主体的样板，也可以是独立的样板。基于主体的族包含所需要的主体构件，例如以墙族为主体的门族。独立族包括柱、树和家具。

本章将主要讲述可载入族的创建知识。

3. 内建族

内建族的创建方法与可载入族类似，但它们是在当前项目的环境中创建的，是在当前项目中新建的族，它与之前介绍的"可载入族"的不同在于，"内建族"只能存储在当前的项目文件里，不能单独存成族（*.rfa）文件，也不能用在别的项目文件中。

内建族可以是特定项目中的模型构件，也可以是注释构件，或者其他二维、三维对象，可以将其包含在明细表中。但是与系统族和可载入族不同，用户不能通过复制内建族类型的方式来创建多个类型。

尽管将所有构件都创建为内建族似乎更为简单，但最佳的做法是只在必要时使用它们，因为内建族会增加文件大小，使软件性能降低。

实际上，在项目中创建的大多数图元都是系统族或可载入族。可载入族可以组合在一起来创建嵌套共享族，比如可以将族的实例载入其他族中，来创建新的族，通过将现有族嵌套在其他族中，来节省建模时间。非标准图元或自定义图元可以使用内建族创建。

11.1.2 族样板

样板文件是创建模型的基本模板，样板文件通常是依据相应的标准、规范来编制的，目的是使用户在一个统一标准的框架内进行专业设计，以满足将来成果的规范性、协调性和通用性，从而最大限度减少工作人员的重复工作量。之前所进行的一系列模型创建都是基于我国建筑制图标准所编制的建筑样板来完成的。

对于族的创建同样也需要有样本文件，与项目样板明显不同的是，项目样板的文件格式为*.rte，族样板的文件为*.rft。另外，族样板文件多是为创建可载入族（*.rfa）而编制。

创建族时，必须先选择族样板，以下为族样板文件的几个选择方法。

1. 单纯创建族

单纯创建族的方法主要用于族库的创建，不直接与某个项目发生联系，创建完成后，以族文件（*.rfa）的方式保存在用户的族库中，以便于将来在项目中载入使用。

☑ （1）启动Revit之后，单击选择族栏目的"新建"项（图11-1）。

图11-1　选择族栏目的"新建"项

☑（2）在弹出的【新族–选择样板文件】对话框中选择族样板文件，比如"公制常规模型.rft"（图11-2）。

根据族的使用方式，族样板主要可分为基于主体的样板、基于线的样板、基于面的样板和独立样板等。

1）基于主体的样板：基于墙、顶棚、楼板以及屋顶等样板，均为基于主体的样板。使用该样板所创建的族要依附其对应的主体，只要主体存在时才能在模型中添加该类族。

2）基于线的样板：一般用于创建拾取项目的线来添加族的样板，例如创建小径、灌木丛、屋面卷材、梁、以及配景等。

3）基于面的样板：用于创建基于平面的族，该类族同样需依附于某一工作平面或实体表面，不能独立放置到项目的绘图区域。如门窗把手、水嘴以及洗面盆等。

4）独立样板：用于创建不依赖于主体的族。该类族可以放置在项目的任何位置，不依附于任何工作面或主体，具有更大的灵活性。示例中所选样板"公制常规模型.rft"即为独立样板。

☑（3）选择后单击 打开(O) 按钮，即可进入族编辑界面，如图11-3所示。

图11-2　在【新族–选择样板文件】对话框中选择族样板文件

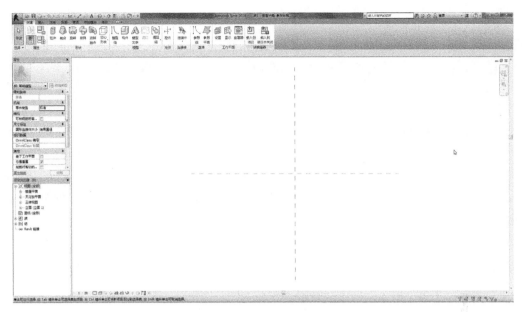

图11-3　进入族文件编辑界面

进行编辑创建后的族，可以保存到用户的族库中，以便在今后的项目中使用。

2. 项目创建过程中创建族

在项目的创建过程中创建族是应用比较多的方法，这种方法可以即时创建族为该项目所用，使用时还可以验证族创建的准确性与否，同时可以保存在族库中为将来其他项目所使用。具体方法是：

☑ 1）启动Revit后，选择创建项目过程中，单击软件左上角的应用程序菜单按钮，选择新建菜单下的族项（图11-4）。

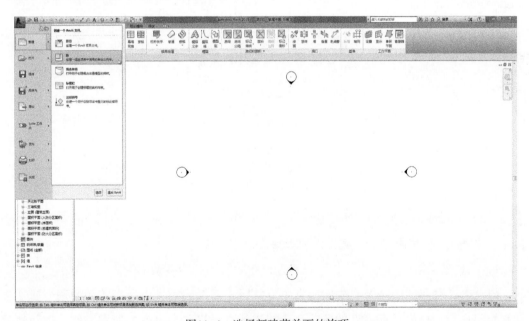

图11-4　选择新建菜单下的族项

☑ 2）在弹出的【新族–选择样板文件】对话框中选择族样板文件，比如"公制常规模型.rft"，完成后单击 打开(O) 按钮，系统进入族文件编辑界面。

☑ 3）创建编辑完成族文件后，可以软件左上角的应用程序菜单按钮 ，选择 按钮将其保存为族文件，也可以单击【族编辑器】面板的 按钮，将其载入到项目中使用。

11.1.3 族编辑简介

族编辑是Revit中的一种图形编辑模式，用于创建和修改项目中所包含的族。当开始创建族时，需要在编辑器中打开要使用的样板，该样板可以包括多个视图，如平面视图和立面视图或三维视图。

1.【创建】选项卡

从图11-3可以看出，族编辑与Revit中的项目环境有相似的外观，也包含【属性】和【项目浏览器】等，但【创建】选项卡的工具不同（图11-5）。

图11-5　族编辑下的【创建】选项卡工具

族编辑不是独立的应用程序。创建或修改可载入族或内建族的几何图形时，会访问族编辑。

与预先定义的系统族不同，可载入族和内建族始终是在族编辑中创建的。但系统族可能包含可在族编辑中修改的可载入族，例如墙系统族可能包含用于创建墙嵌条或分隔缝的轮廓构件族几何图形。

（1）【修改】面板　单击【修改】面板下的"选择"工具，可以设定选择图元的多种方法（图11-6），以便在创建过程中准确选择图元。

图11-6　【修改】面板中的选择图元方式

（2）【属性】面板　该面板主要用于查看和编辑对象的属性，编辑过程中有"类型属性""属性""族类型""族类别和族参数"等工具。

1）"类型属性" 工具 ：用于显示选定图元所属的族类型属性。

同一组类型属性由一个族中的所有图元共用，而且族类型中所有实例的每个属性都具有相同参数。修改类型属性的参数会影响该族类型当前和将来的所有实例。创建过程中一定注意，类型属性与实例属性的区别。

2）"属性"工具▦：用于显示或隐藏实例属性的选项板，即单击该工具，可以显示【属性】选项板，再单击该工具，可以隐藏【属性】选项板。

3）"族类别和族参数"工具▦：可以为正在创建的构件指定预定义族类别的属性，族类别不同，族参数也会有所不同。单击▦，系统会弹出【族类别和族参数】对话框（图11-7），用户可以结合实际工程的需要，在其中进行相应的选择和设置。

4）"族类型"工具▦：可以为族类型创建新实例参数或类型参数。

通过添加新参数，就可以对包含于每个族实例或类型中的信息进行更多的控制。可以创建动态的族类型以增加模型中的灵活性。

创建参数的基本方法为：

①在族编辑器中，单击【创建】选项卡【属性】面板的"族类型"工具按钮▦。

②在系统弹出【族类型】对话框（图11-8）中，单击 新建(N)... 按钮并输入新类型的名称，将创建一个新的族类型，并将其载入到项目中后将出现在"类型选择器"中。

图11-7 【族类别和族参数】对话框

图11-8 【族类型】对话框

③单击 添加(D)... 按钮，在【参数属性】对话框的"参数类型"下，选择"族参数"，并输入参数的名称、选择规程、选择参数类型等，然后单击 确定 按钮。

④依次添加类似参数，然后单击 确定 按钮。

（3）【形状】面板 【形状】面板汇集用户创建过程中可能用到的三维工具，包括拉伸、融合、旋转、放样及放样融合形成的三维形状或空心形状等。

（4）【控件】面板 主要用于将控制点类型添加到视图中，控制点类型包括单向垂直、双向垂直、单向水平或双向水平翻转箭头（图11-9），以便于在项目中通过翻转箭头调整族的垂直或水平方向。

（5）【连接件】面板 可以将电气、给水排水、送排风等

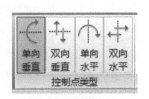

图11-9 控制点类型

连接件添加到构件族中。

（6）【基准】面板　【基准】面板提供参照线和参照平面两种参照样式。

在多数的族样板中已经绘制了三个参照平面（X，Y，Z），其交点为原点（0，0，0），这三个参照平面被固定锁住，不能被删除。如果将其解锁或移动，可能会导致所创建族的原点不在（0，0，0）点，使得族无法在项目中正确使用。

族创建过程中，进行参数标注时，必须将实体对齐在"参照平面"上并锁住，从而实现由"参数平面"驱动实体，这是建模的基本条件，因此在绘图区域中，通过绘制工具来确定的参照平面是创建族的重要工具。

在族（或模型）的创建过程中，参照平面的【属性】中的"是参照"（图11-10）非常重要。

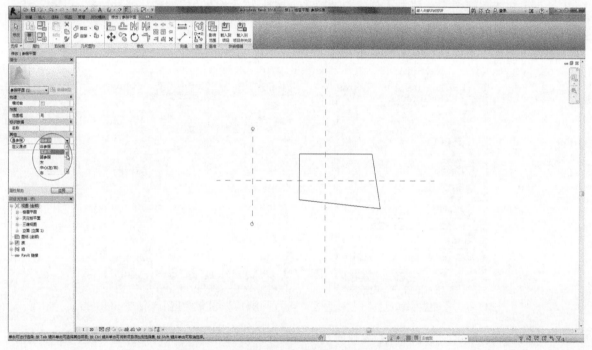

图11-10　参照平面的【属性】中的"是参照"

在"是参照"的下拉列表中，包含了"非参照""强参照""弱参照""左""中心（左/右）""右""前""中心（前/后）""后""底""中心（标高）""顶"等选项。其中选择"非参照"时，这个参照平面在项目中将无法捕捉和标注尺寸，一般不用；强参照的尺寸标注和捕捉的优先级最高；弱参照的优先级次之，当需要按 Tab 键选择图元时宜设定为"弱参照"；其他的选项特性与"强参照"类似，但同一个族只能用一次，作为样板文件自带的三个参照平面的辅助。

参照线与参照平面的功能基本类似，但主要是控制角度的参数变化，这一点需用户在具体应用中结合实例综合练习。

（7）【模型】面板　【模型】面板（图11-11）提供了模型线、构件、模型文字、洞口以及模型组的创建和调用。

图11-11　【模型】面板

1）模型线：可以创建一条存在于三维空间并在项目中可见的线，用于表示建筑中的三维几何图形，如缆风绳等。

2）构件：可以在载入相应的族后，使用下拉列表选择族并将其放置到模型中。

3）模型文字：可以将三维文字添加到模型中，比如在墙上添加单位或房间名称，并且可以指定字体、大小、深度以及材质等。

4）洞口：可以在主体（比如墙或顶棚）中创建一个洞口。但该工具只能在基于主体的族样板中使用。

5）模型组：用于创建一组定义的图元或将一组图元放置在当前视图中。

模型组中有两个工具：一个是"创建组" ，可以创建一组图元以便重复使用，对于项目或族中多次重复使用某一些图元时，使用该工具非常有效；另一个工具是"放置模型组" ，是将一组定义的图元放置到当前视图中。

（8）【工作平面】面板　【工作平面】面板（图11-12）主要是为当前视图或所选图元指定工作平面；可以在视图中显示或隐藏活动的工作平面；还可以启用工作平面查看器，创建临时的活动视图，并在其中编辑图元。

（9）【族编辑器】面板　【族编辑器】面板（图11-13）包含"载入到项目"按钮 和"载入到项目并关闭"按钮 。

图11-12　【工作平面】面板　　　图11-13　【族编辑器】面板

创建族过程中，单击"载入到项目"按钮 ，可以把族载入到打开的项目或族（嵌套族）中，加载后族仍然保持打开状态；如果单击"载入到项目并关闭"按钮 ，把族载入到打开的项目或族（嵌套族）中，加载后当前族被关闭。

2. 【插入】选项卡

【插入】选项卡包括【修改】、【导入】、【从库中载入】、【族编辑器】四个可用面板（图11-14）。其中【修改】面板、【族编辑器】面板之前讨论过。而【导入】面板可以将CAD图形、光栅图像以及族类型导入当前族中。【从库中载入】面板可以将本地库以及互联网库的族文件直接或以组的方式载入到当前族中。

图11-14 【插入】选项卡

3.【注释】选项卡

【注释】选项卡中除了【修改】、【族编辑器】面板外，还有【尺寸标注】、【详图】、【文字】面板（图11-15）。

图11-15 【注释】选项卡

（1）【尺寸标注】面板 提供对齐、尺寸、角度、径向、弧长等标注方式。

（2）【详图】面板 该面板汇集了用户在绘制图元时所需的主要功能，包括仅表示信息而不作为实际几何图形的"符号线"；将视图专有的详图构件添加到视图中的"详图构件"工具；用于创建详图组或在视图中放置实例的"详图组"工具；在当前视图中放置二维注释图形符号的"符号"工具以及用于定义一个区域来遮挡其他图元的"遮罩区域"等。

（3）【文字】面板 可以在当前视图中添加文字注释、拼写检查、查找替换等。

4.【视图】选项卡

【视图】选项卡（图11-16）与之前项目环境的外观和功能类似，也包括"可见性""三维""平铺"等工具，在此就不再一一赘述。

图11-16 【视图】选项卡

5.【管理】选项卡

【管理】选项卡（图11-17）也与之前项目环境的外观和功能类似，主要包括【修改】面板、【设置】面板、【管理项目】面板、【查询】面板、【宏】面板和【族编辑器】面板。

图11-17 【管理】选项卡

【修改】面板和【族编辑器】面板之前有所讲述，以下将简单介绍其余四个面板。

（1）【设置】面板 主要用于图元的设置，包括"材质""对象样式""捕捉""项目单位""共享参数""传递项目标准""清除未使用项"及"其他设置"等工具。

1）"材质"工具：单击⊛按钮，系统将弹出【材质浏览器】对话框（图11-18），用户可以设置族中各图元的材质。

图11-18 【材质浏览器】对话框

2）"对象样式"工具：单击圖按钮，系统弹出【对象样式】对话框（图11-19），用户可以设置族中各图元的线宽、线颜色、线图案以及材质等。

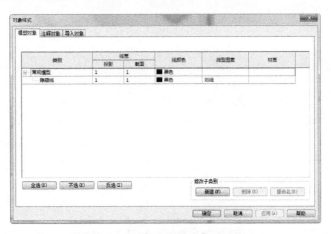

图11-19 【对象样式】对话框

3）"捕捉"工具：单击⌷按钮，在系统弹出【捕捉】对话框（图11-20）中，用户可以进行关于捕捉的相关设置。

4）"项目单位"工具：单击圖按钮，系统弹出【项目单位】对话框（图11-21），用户可以指定各计量单位（如长度、面积、体积、角度等）的显示格式。

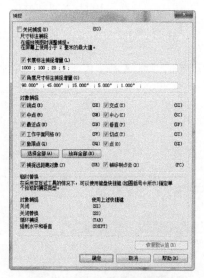

图11-20 【捕捉】对话框   图11-21 【项目单位】对话框

5）"共享参数"工具：该工具主要用于指定可在多个族或项目中实用的参数，使用该工具可以添加族文件或项目样板中尚未定义的特定数据。单击 按钮，系统将弹出【编辑共享参数】对话框（图11-22）。

6）"传递项目标准"工具：单击 按钮，可以将另一个打开的项目的设置标准复制到当前的族（或项目）中，项目标准包括族类型、线宽、材质、视图样板以及对象样式等。

7）"清除未使用项"工具：单击 按钮，系统弹出【清除未使用项】对话框（图11-23），可以从族中删除未使用项，这样可以缩小族文件的大小，如同CAD中的【Purge】命令。

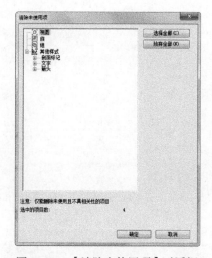

图11-22 【共享参数】对话框   图11-23 【清除未使用项】对话框

8）"其他设置"工具：单击 按钮，可以进一步设定"填充样式""线宽""线型图案""剖面标记"以及"部件代码"等内容（图11-24）。

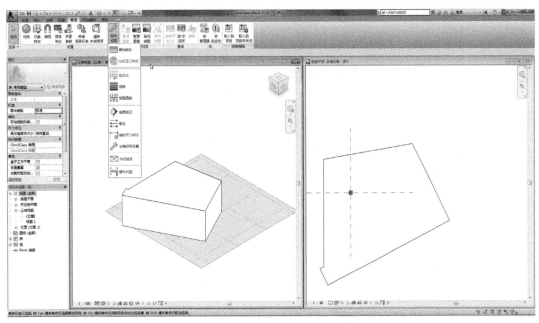

图11-24　"其他设置"工具

（2）【管理项目】面板　主要用于管理链接、图像以及贴花类型等。

（3）【查询】面板　可以显示图元的唯一标识符或者使用图元的唯一标识符来查找并选择当前视图中的图元。

（4）【宏】面板　支持宏管理器和宏安全，便于用户安全运行现有宏或创建、删除宏。

6.【修改】选项卡

【修改】选项卡（图11-25）与之前项目的外观和功能类似，在此就不再一一赘述。

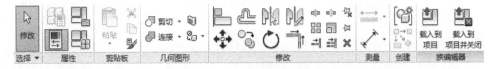

图11-25　【修改】选项卡

11.1.4　族参数

族是一个包含通用属性（称作参数）集和相关图形表示的图元组。属于一个族的不同图元的部分或全部参数可能有不同的值，但是其参数（其名称与含义）的集合是相同的。族中的这些变体称作族类型或类型。

在项目中使用特定族和族类型创建图元时，将创建该图元的一个实例。每个图元实例都有一组属性，用户从中可以修改某些与族类型参数无关的图元参数，这些修改仅应用于该图元实例，即项目中的单一图元。如果对族类型参数进行修改，这些修改将仅应用于使用该类型创建的所有图元实例。

族参数可以包括族类别参数和族类型参数。

1. 族类别参数

族类别参数是各种构件的放置行为和构件属性，这些构件的使用与其领域相关，即与各专业的分工相关。其参数通常都是被预先设计好，使用时进行选择即可。

单击【创建】选项卡中的"族类别和族参数"按钮🖳，系统会弹出【族类别和族参数】对话框（图11-7）中，有三个选项。

（1）过滤器列表 点击"过滤器列表"旁边的小黑三角，可以勾选不同专业所需族类别，如图11-26所示。

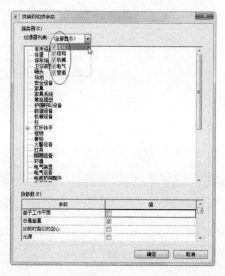

图11-26 在"过滤器列表"中勾选专业所需组类别

（2）族类别 拖动"族类别"右侧的滚动条，可以选择族类别。

（3）族参数 选择不同族类别时，其参数不尽相同，比如选择比较通用的"常规模型"族，其族参数中主要有以下的参数可以设置。

1）基于工作平面：该选项的优先程度很高，如果勾选此项，尽管选用了"公制常规模型"样板来创建族，也只能放在某个工作平面或实体表面，因此通常不勾选该项。

2）总是垂直：勾选此项所创建的族将相对于水平面垂直；如果不勾选此项所创建的族将垂直于某个工作平面。

3）加载时剪切的空心：勾选此项，将族载入项目后，会自动将主体剪切空心。比如添加台阶族时会将墙体的门洞打开。

4）可将钢筋附着到主体：这是在"公制常规模型"中的一个功能，运用该样板创建族时，如果勾选此项，载入项目后剖切该族，用户可以在这个族剖面上自由添加钢筋。

5）零件类型：该项值通常为"标准"，不用设置。主要作用是在选择族类别时，系统会自动匹配相应的部件类型。

6）圆形连接件大小：确定如果使用圆形连接件时"使用直径"还是"使用半径"。

7）共享：如果勾选此项，当该族作为嵌套族载入到另外一个主体族中，载入项目后，勾选"共享"的嵌套族能在项目中被单独调用；如果嵌套族不共享，则主体族和嵌套族创建的构件作为一个单位。

8）OmniClass 编号与OmniClass 标题：这两项用于记录美国用户使用的"OmniClass"标准，中国地区的族可以不填写。

2. 族类型参数

族类型的参数是指具体的、细微的参数，如尺寸等，需要用户根据需要自行设置。平常大家所说的族参数，实际上就是族类型参数。

（1）创建一个新的族类型 一个族可以有很多族类型，每个类型可以有不同的尺寸形状，并且可以分别调用。

单击【创建】选项卡【属性】面板的"族类型"工具按钮🖳，在系统弹出【族类型】对话框（图11-8）中，单击 新建(N)... 按钮并输入新类型的名称，将创建一个新的族类型，并将其载入到项目中后将出现在"类型选择器"中。

（2）添加参数 对于族来说，参数的作用非常重要，族的活力来自于参数的传递。

☑1）单击 添加(D)... 按钮，系统弹出【参数属性】对话框（图11-27）。

图11-27 【参数属性】对话框

在对话框中，参数类型有族参数和共享参数两个选项。

族参数：参数类型为"族参数"的参数，载入项目后不能出现在明细表或标记中。

共享参数：参数类型为"共享参数"的参数，可以由多个项目和族共享，载入项目后可以出现在明细表和标记中。"共享参数"将记录在一个TXT文档中。

☑2）参数数据

①名称：参数名称用户自行填写时需注意大小写区分，并且在同一族内不能有相同的名称。

②规程：Revit提供了公共、结构、电气和能量等，其中最常用的为公共规程。

③参数类型：包括文字、整数、数值、长度、面积、体积、坡度等。

④参数分组方式：主要用于分类显示参数的组别，以便于查找。

⑤类型和实例参数：主要用于确定添加的参数数据的性质是类型参数还是实例参数。

如果确定是类型参数，则其参数值一旦被修改，所有类型个体都会相应变化；而选择实例参数，则其参数值被修改，将只有该实例发生改变。而且类型参数将出现在【类型参数】对话框中，实例参数将出现在【图元属性】对话框中。

另外需要注意的是，当参数数据完成后，不能修改参数的"规程"和"参数类型"，但可以修改"参数名称""参数分组方式"以及"类型/实例"。如需修改应按照新添加的方式重新设定。

（3）族类型中的公式 "公式"在族创建过程中非常重要，合理使用公式可以简化族，提高族的运行速度，同时还可以使族在项目中变得更为灵活。表11-1为族编辑中常用公式的逻辑运算符。

表11-1　族编辑中常用公式的逻辑运算符

逻辑运算	符　号	示　例	示例的返回值
加	+	4mm+5mm	9mm
减	−	6mm−2mm	4mm
乘	*	3mm*4mm	$12mm^2$
除	/	8mm/2mm	4
指数	^	3mm^3	$27mm^3$
对数	log	log（100）	2
平方根	sqrt	sqrt（36）	6
正弦	sin	sin（90）	1
余弦	cos	cos（90）	0
正切	tan	tan（45）	1
反正弦	asin	asin（1）	90º
反余弦	acos	acos（1）	0º
反正切	atan	atan（1）	45º
10的x次方	exp	exp（3）	1000
绝对值	abs	abs（−5）	5
四舍五入	round	round（5.6）	6
取上限	roundup	roundup（2.2）	3
取下限	rounddown	rounddown（2.2）	2

运用公式时，必须注意单位要统一，并且不能出现循环，否则系统会出现相关警告对话框。

此外，公式中可能会出现一些条件语句，基本语法与VB类似。表11-2为常见条件语句表。

表11-2　常见条件语句表

逻辑运算	符号	示例	示例的返回值
大于	>	x>y	如果x>y，返回真，否则为假
小于	<	x<y	如果x<y，返回真，否则为假
等于	=	x=y	如果x=y，返回真，否则为假
与	and	and（x=2，y=3）	当x=2，并且y=3，返回真，否则为假
或	or	or（x=2，y=3）	当x=2，或者y=3，返回真，只有x≠2，并且y≠3为假
非	not	not（x=2）	当x≠2时，返回真，当x=2时，返回假
条件语句	if（条件；返回1，返回2）	if（x=2，5mm，3mm）	当x=2时返回5mm，否则返回3mm

以上只是一些关于公式的简介，用户如果要编制一些复杂的公式，还需具备一定的编程知识，或者与该专业人员协作。

实际上，创建族类型有两种方法，一种是前面讲述的单击【创建】选项卡【属性】面板的"族类型"工具按钮，在系统弹出【族类型】对话框中，单击 新建(N)... 按钮。这种方法适用于具有较少族类型的族创建。另一种则是采用"类型目录"文件来创建，其主要原理就是通过将族类型的信息以规定格式记录在一个TXT文件里，创建一个"类型目录"文件，当该族被载入项目时，"类型目录"可以帮助完成对族的排序和选择，并将在项目中所需的特定族类型载入。这种方法可以减少项目文件的大小，缩短"类型选择器"的下拉列表长度，同时适用于族类型较多的族创建，并且方便族类型的编辑和管理。

11.1.5　其他基本操作

其他操作主要包括图元选择、图元编辑、可见性控制以及视图显示模式控制等，这些之前有过简介，但在族创建过程中也是一些较为基础的操作要点，因此就再简单讲解一下。

1. 图元选择

选择图元的方式有点选、框选和过滤选几种。

（1）点选　拖动鼠标对准图元，然后单击左键即可完成点选。对于多个图元，可以按住 Ctrl 键并单击图元进行增选，按住 Shift 键并单击图元可以将其从选择集中删除。

（2）框选　按住鼠标左键，从左向右拖曳可以选中框内完整的图元（如同CAD中的"正选"）；从右向左拖曳可以选中框内全部的图元（如同CAD中的"反选"）。同理可以按住 Ctrl 键并框选图元进行增选，按住 Shift 键并框选图元可以将其从选择集中删除。

（3）过滤选 使用过滤器可以在选择集中根据类型进行筛选。

此外，如果鼠标的光标靠近某个图元，当其高亮显示时，按 Tab 键可以高亮显示与其相连的一组图元，此时单击鼠标左键即可选中该组图元（用户可以多次按 Tab 键，直至选择适宜的图元组）。

2. 图元编辑

图元被选中后，其属性对话框会被激活，可以通过修改其参数来修改图元；还有些图元在被选中后会出现操作控制柄，用户可以通过拖动控制柄进行相应的图元编辑。

此外还有对齐、镜像、移动、拆分、修剪、偏移等辅助工具进行相应的编辑，在此就不再一一赘述。

3. 可见性控制

如同CAD的图层显示功能，当Revit绘图区域图元较多时，为了方便创建模型，也可以将某些对象关闭，使其不在绘图区域显示。通常有如下方法来完成。

（1）可见性/图形 单击【视图】选项卡的【图形】面板中的"可见性"按钮，系统弹出【可见性/图形替换】对话框（图11-28）。该对话框中有"模型类别""注释类别""导入的类别"等几个标签，取消类别前面的复选框即可关闭该类别图元的显示。

图11-28 【可见性/图形替换】对话框

1）模型类别：用于控制墙、楼板、门窗等构件的可见性、线样式等。

2）注释类别：用于控制参照平面、尺寸标注等的可见性、线样式。

3）导入的类别：控制导入的外部CAD格式文件图元的可见性、线样式。

（2）临时隐藏/隔离 单击Revit底部"视图控制栏" 1：20 的"临时隐藏/隔离"按钮，可以显示如图11-29所示的选项列表。

1）隔离类别：在当前视图中只显示与被选中图元相同类别的所有图元，隐藏不同类别的其他所有图元。

2）隐藏类别：在当前视图中隐藏与被选中图元相同类别的所有图元。

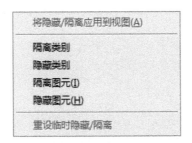

图11-29 "临时隐藏/隔离"的选项列表

3）隔离图元：在当前视图中只显示被选中的图元，隐藏该图元以外的其他所有图元。

4）隐藏图元：在当前视图中隐藏被选中的图元。

5）重设临时隐藏/隔离：恢复显示所有被隔离（或隐藏）的图元。

4. 视图显示模式控制

（1）**单击Revit底部**"视图控制栏" 1 : 20 □ ⿴ ⿴ ⿴ ⿴ ⿴ ⿴ ⿴ ⿴ ⿴ ⿴的"详细程度"按钮□并进行相应的选项，可以将当前模型按"粗略""中等""精细"显示。

（2）**单击Revit底部**"视图控制栏" 1 : 20 □ ⿴ ⿴ ⿴ ⿴ ⿴ ⿴ ⿴ ⿴ ⿴ ⿴的"视觉样式"按钮⿴，可以显示如图11-30所示的选项列表，用户可以在其中进行相应的选择，以确定当前视图的显示样式（该功能与CAD中的"Shademode"命令类似）。

单击选择图11-30中的"图形显示选项"时，系统弹出【图形显示选项】对话框（图11-31），用户可以在其中进一步设置某个模式的详细设置，以满足模型视觉上的需要。

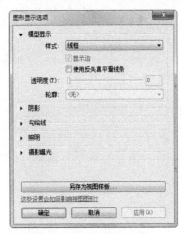

图11-30 "视觉样式"的选项列表 图11-31 【图形显示选项】对话框

11.2 族创建实例

11.2.1 族的创建流程

为了在创建可载入族时获得最佳效果，一般应遵循以下工作流程。

1. 对族进行规划

如果在创建族前充分考虑需求，创建时就会更加容易。

（1）族类型的选择 对象的尺寸可变性和复杂程度决定着是创建可载入族还是创建内建族。例如对于具有多种预设尺寸的窗，或者可采用任何长度构建的书架，应创建一个可载入族；但如果需要创建仅存在一种配置的自定义家具，则最好将其创建为内建族，而不是可载入族。

（2）族在视图中的显示 应确定对象在视图中的显示方式，从而明确需要创建的三维和二维几何图形以及如何定义可见性设置，比如对象是否应显示在平面视图、立面视图或剖面视图中。

（3）该族是否需要主体 如何设置族的主体（或者说族附着什么主体，或不附着到什么主体）确定了族样板文件的选择。比如对于通常以其他构件为主体的对象（例如窗或照明设备），开始创建时应使用基于主体的样板。

（4）建模的详细程度 在某些情况下，模型可能只需要使用二维形状来表示族，而不需要以三维形式表示几何图形，以便节省创建族的时间。

（5）族的原点 确定适当的插入点将有助于在项目中放置族。例如柱族的插入点可以是圆形底座的中心。

2. 选择相应的族样板

做好族规划后，下一步将选择创建族所需要的样板。该样板相当于一个构建模块，其中包含在开始创建族时以及Revit在项目中放置族时所需要的信息。

另外，尽管大多数族样板都是根据其所要创建的图元族的类型进行命名，但也有一些样板在族名称之后会包含基于墙的样板、基于顶棚的样板、基于楼板的样板、基于屋顶的样板、基于线、基于面等描述。

其中基于墙的样板、基于顶棚的样板、基于楼板的样板和基于屋顶的样板被称为基于主体的样板。对于基于主体的族而言，只有存在其主体类型的图元时，才能放置在项目中。

3. 定义族的子类别

当创建族时，样板会将其指定给某个类别，当该族载入到项目中时，其类别决定着族的默认显示（族几何图形的线宽、线颜色、线型图案和材质指定）。要为族的不同几何构件指定不同的线宽、线颜色、线型图案和材质指定，需要在该类别中创建子类别，以便在创建族几何图形时，将相应的构件指定给各个子类别。

例如，在窗族中，可以将窗框、窗扇和竖梃指定给一个子类别，而将玻璃指定给另一个子类别。然后可将不同的材质（木质和玻璃）指定给各个子类别，以达到相应的视觉效果。

Revit的族样板提供了一些预定义的子类别，可用于族的不同类别，如果没有所需的子类别，用户可以定义自己的子类别。

以下是定义族的子类别的简单操作步骤。

☑（1）在族样板（或族）打开的情况下，单击【管理】选项卡的【设置】面板中"对象样式"按钮。

☑（2）在弹出的【对象样式】对话框（图11-19）中，选择"模型对象"活动标签，并在"修改子类别"下，单击 新建(N) 按钮。

☑（3）在【新建子类别】对话框（图11-32）中，输入新名称，比如"平面剖线"；Revit会自动在"子类别属于"列表中选择合适的类别。

图11-32　【新建子类别】对话框

☑（4）单击 确定 按钮。

☑（5）指定线宽、线颜色、线型图案和材质。

1）单击"线宽"对应的"投影"和"截面"字段，并从列表中选择值。

2）单击"线颜色"字段中的按钮，并从"颜色"对话框中选择颜色。如果需要还可以自定义颜色。

3）单击"线型图案"字段，并从列表中选择一种线型图案。如果需要还可定义新线型图案。

4）单击"材质"字段，然后指定材质、截面填充图案、表面填充图案或渲染外观。

☑（6）要定义其他子类别，可以重复上述步骤。

4. 创建族的框架

接下来应创建族框架，通常由用来创建族几何的线和参数组成。创建族框架，首先应定义族原点；然后使用称为参照平面和参照线的图元来构建框架；接下来定义族参数。在此阶段定义的参数通常控制着图元的尺寸（长度、宽度和高度），并允许用户添加族类型。

完成族框架后，要对其进行测试。方法是修改参数值，然后看参照平面是否随尺寸调整而调整。

（1）定义族的原点（插入点）　创建构件族后，应定义族原点并将其固定（锁定）到相应位置。这样在使用完成的族创建图元时，族原点即为图元的插入点。

许多族样板都有预定义的原点，通常视图中两个参照平面的交点默认为族原点。

但如果用户要自行定义族原点时，可以通过选择参照平面并修改它们的属性来设定参照平面的原点。

（2）进行参照平面（参照线）的布局，以帮助绘制构件几何图形。

创建族几何图形前，应绘制参照平面（参照线）。然后可以将草图和几何图形捕捉到参照平面（参照线）。

1）定位新参照平面，使其与规划的几何图形的主轴对齐。

☑①单击【创建】选项卡的【基准】面板中"参照平面"按钮。

☑②指定参照平面的起点和终点。

☑③依次绘制其余三个参照平面（图11-33）。

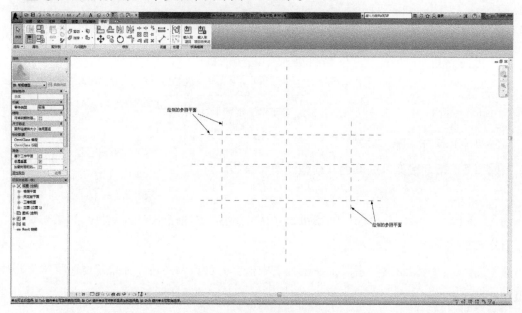

图11-33　绘制参照平面

2）命名每个参照平面，以便可以将其指定为当前的工作平面。名称可以用来识别参照平面，以便能够选择它来作为工作平面。

☑①选择参照平面，然后单击上下文【修改｜参照平面】选项卡【属性】面板中"族类型"按钮。

☑②在【族类型】对话框的"标识数据"下，输入参照平面名称，如"参照平面（左）"。

☑③单击 确定 按钮。

☑④重复上述步骤，依次将其定义为"参照平面（右）""参照平面（前）""参照平面（后）"。

3）为参照平面指定属性，用以在族被放入项目后对参照平面进行尺寸标注。

选择一个参照平面，在其【属性】"是参照"中设定其属性，如"左"。

注意如果设置此属性或者将平面定义为原点，就意味着当在项目中放置族时，可以对该参照平面进行尺寸标注。例如，如果创建一个桌子族并希望标注桌子边缘的尺寸，可在桌子边缘创建参照平面，并设置参照平面的"是参照"属性。在为桌子创建尺寸标注时，既可以选择原点，也可以选择桌子边缘，或者同时选择两者。在为配电盘创建尺寸标注时，既可以选择原点，也可以选择配电盘边缘，或者同时选择两者。

（3）添加尺寸标注以指定参数化关系。虽然尚未创建任何族几何图形，但仍可在族中定义主参数化关系。此阶段定义的参数通常可以控制图元的尺寸（长度、宽度和高度）。

要创建参数，应将尺寸标注放置在框架的参照平面之间，然后为其添加标签。尤其需要注意的是，Revit的族在添加带标签的尺寸标注之前是非参数化的。

1）为参照平面标注尺寸。创建族参数，首先是在框架的参照平面之间放置尺寸标注，以对所要创建的参数化关系进行标记。单独使用尺寸标注并不能创建参数，必须为其添加标签才能创建参数。

①确定要进行尺寸标注来创建参数的参照平面。

②单击【注释】选项卡的【尺寸标注】面板，选择一个尺寸标注类型。

③在参照平面之间放置尺寸标注。

④继续对参照平面进行尺寸标注，直到所有参数化关系都标注完毕。

注意创建某些尺寸标注时，可能需要在族中打开不同的视图。

2）为尺寸标注添加标签以创建参数。对族框架进行尺寸标注后，需为尺寸标注添加标签，以创建参数。

☑ ①选择一个已经标注的尺寸，然后单击面板下方的"标签"选项栏，并选择"添加参数"，如图11-34所示。

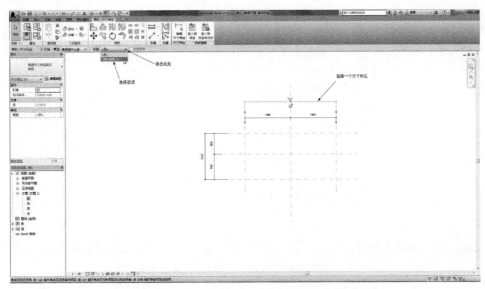

图11-34　在"标签"选项栏选择"添加参数"

☑ ②在弹出的【参数属性】对话框的"参数数据"名称栏中输入"长度"（图11-35）。

☑ ③完成后单击 确定 按钮，则尺寸标注被设定为一个参数（图11-36）。

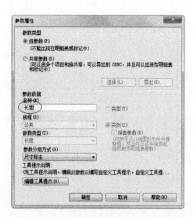

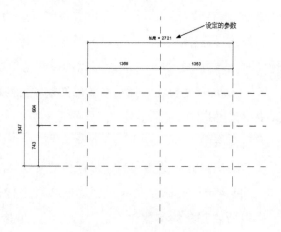

图11-35　在【参数属性】对话框的
　　　　"参数数据"栏中输入名称

图11-36　设定参数后的结果

☑ ④重复上述操作，将宽度标注也设置为一个参数。

实际上使用上述方法添加参数容易限制其灵活性，对于后期的参数修改不利。还有一种方法是在添加参数之前，先单击【创建】选项卡的【基准】面板中"族类型"按钮，在弹出的【族类型】对话框中，单击 添加(D)... 按钮，然后在弹出的【参数属性】对话框的"参数数据"名称栏中输入"长度"，期间还可以重新进行"规程"等选项的设置，然后单击 确定 按钮，完成对"长度"的参数添加（图11-37）。

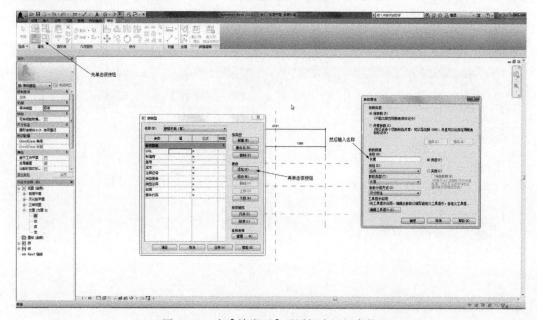

图11-37　在【族类型】对话框中添加参数

重复上述操作，完成"宽度""高度""EQ1""EQ2"等其余参数的添加（图11-38）。

然后，再选择标注尺寸进行参数分配，结果如图11-39所示。

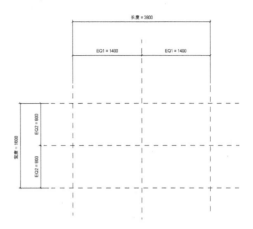

图11-38　在【族类型】对话框中添加其余参数　　图11-39　设置参数后的结果

以上介绍了两种添加参数的方法，建议用户使用后一种较方便，另外可以打开其他视图，如"前"视图，绘制参照平面并命名，设置参照方式，然后标注尺寸并添加"高度参数"，如图11-40所示。

另外，在实际创建模型过程中，用户只是需要标注"EQ"，而不是"EQ1""EQ2"类参数标签时，可以先进行连续标注，然后单击其上方的"EQ"标记即可，这样标注的"EQ"只是一个尺寸标注，而不是一个参数标签。

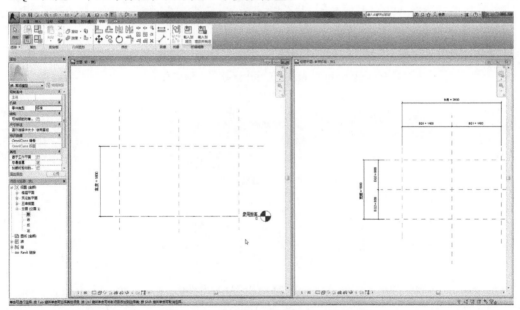

图11-40　在其他视图中设置其他参数

5. 测试或调整框架

创建完成框架后，应及时对其进行调整或测试，并且在创建族时，还有可能会频繁地进行调整，以确保族的完整性。以下就看一下上面所完成的族框架是否有效。

☑ 1）单击【创建】选项卡的【基准】面板中"族类型"按钮 ，在弹出的【族类型】对话框中，将长度修改为"3000"（图11-41）。

☑ 2）单击 确定 按钮或 应用(A) 按钮。

☑ 3）此时系统弹出错误提示对话框（图11-42），说明框架未通过测试。

图11-41 在【族类型】对话框中修改长度值

图11-42 系统出现的错误提示对话框

其原因是等分（EQ）参数被赋予实际数值，因此其长度（也包括宽度）数值的改变被限制。

☑ 4）单击 取消(C) 按钮关闭错误提示，并在【族类型】对话框中"EQ1""EQ2"的"公式"处依次添加"长度/2""宽度/2"公式（图11-43）。

图11-43 在【族类型】对话框中添加公式

☑ 5）继续修改长度和宽度值分别为"2400""1200"，然后单击 确定 按钮或 应用(A) 按钮。可以发现没有再出现错误提示，其参数值都发生变化，并且参照平面也随之发生移动，说明该族框架通过测试（图11-44）。

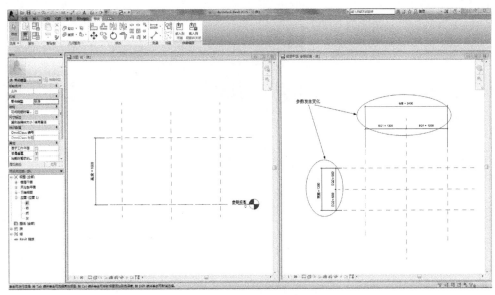

图11-44　添加公式后的参数变化

　　上述示例中没有对"高度"参数进行设置，这样所创建的族，其长度、宽度应为可变，而其高度则不会变化。

6. 创建族

创建族几何图形（二维或三维），并将该几何图形约束到参照平面。

☑1）单击【创建】选项卡的【形状】面板中"拉伸"按钮。

☑2）在上下文选项卡【修改｜创建拉伸】的【绘制】面板中，单击"矩形"按钮□。

☑3）在平面视图中捕捉参照平面的交点绘制一个矩形（图11-45）。

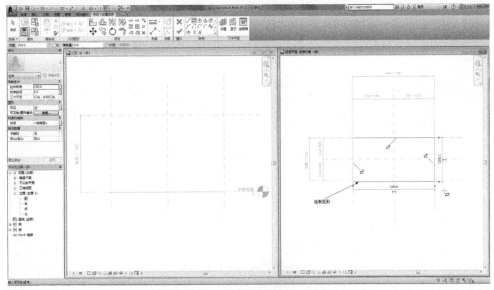

图11-45　在平面视图中绘制矩形

　　注意矩形的四边都有一个开启锁符号，说明这四条边与参照平面没有关联。

☑4）分别单击这几个开启锁符号，将其变成，这样就将这四条边约束到参照平面，如图11-46所示。

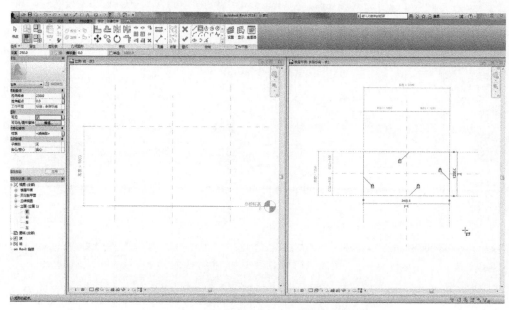

图11-46 将矩形的四条边约束到参照平面

☑5）在上下文选项卡【修改 | 创建拉伸】的【模式】面板中，单击"完成"按钮✅。并在"前"视图中拖曳拉伸体的造型操纵柄（箭头）至高度处的参照标高，并将其约束到参照平面，拉伸体的创建完成（图11-47）。

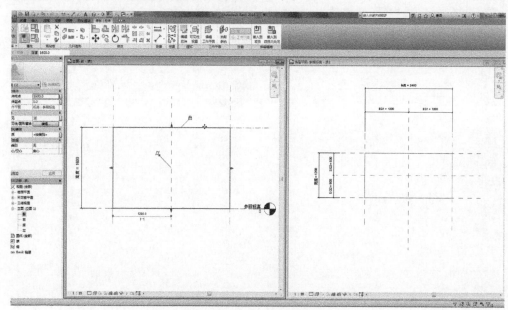

图11-47 创建完成的拉伸体

☑6）单击快速访问栏的三维显示按钮，将拉伸体三维显示，结果如图11-48所示。

☑7）单击【创建】选项卡的【基准】面板中"族类型"按钮，在弹出的【族类型】对话框中，将长度修改为"2000"，宽度修改为"600"，单击 确定 按钮或 应用(A) 按钮，结果如图11-49所示。

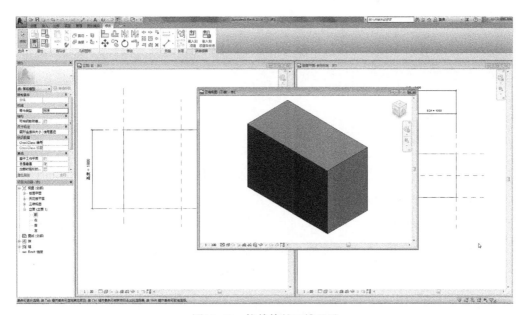

图11-48 拉伸体的三维显示

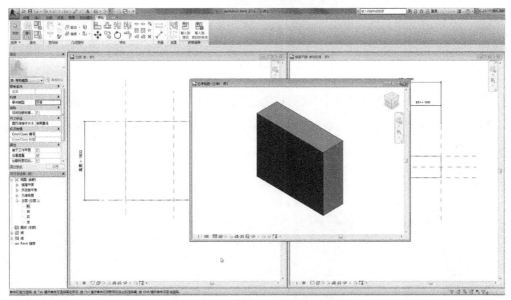

图11-49 调整参数后的拉伸体

从以上示例可以看出，将几何图形约束到参照平面，可以实现模型的多样化，这也就是族的优势所在，用户修改族的相关参数就可以修改由族所创建的模型。

7. 设置族的显示特征

主要是设置族的可见性和详细程度。

关于可见性具体可以单击【视图】选项卡的【图形】面板中的"可见性"按钮，在系统弹出【可见性/图形替换】对话框中进行设置即可；而详细程度则可以单击Revit底部"视图控制栏" 的"详细程度"按钮并进行相应的选项，将当前模型按"粗略""中等""精细"显示。

8. 保存并测试族

对于已经完成的族，应当将其保存（*.rfa），对于包含许多类型的大型族，请创建类型目录。然后再将其载入到项目进行测试。

11.2.2 族创建简介

族是使用Revit建模的主要部分，其创建与设置对于实际项目起着至关重要的作用，族的类型多种多样，合理设置与创建其参数，关系着族的可持续性，以下将着重介绍族的共享参数创建和窗族的创建过程。

1. 共享参数的创建

为方便多次创建同一类别族文件，族的大部分主要参数使用共享参数，用户可以根据实际需求，只选择需要进行统计或标注的参数作为共享参数。

使用共享参数创建族文件，自定义的族参数可以出现在明细表统计中，对于创建BIM模型非常有用，以下是创建共享参数的简单方法。

☑1）启动Revit，选择相应的族样板，进入族创建界面后，单击【创建】选项卡的【属性】面板中的"族类型"工具按钮，在系统弹出【族类型】对话框的"参数栏"单击 添加(D)... 按钮。

☑2）在弹出的【参数属性】对话框中，选择"共享参数"（图11-50）。

☑3）在【参数属性】对话框中，单击 选择(L)... 按钮。初次创建时，系统会出现"找不到共享参数文件"的提示（图11-51）。

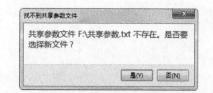

图11-50　在【参数属性】对话框中　　　　图11-51　系统出现"找不到共享参数文件"
　　　　　选择"共享参数"　　　　　　　　　　　　　　的提示

☑4）单击 是(Y) 按钮，弹出【编辑共享参数】对话框（图11-52）。

☑5）单击 创建(C)... 按钮，在【创建共享参数文件】对话框的"文件名"中输入"共享参数"（格式为TXT），如图11-53所示。注意共享参数名称可以根据族类型分别命名。

☑6）完成后，单击 保存(S) 按钮。

☑ 7）单击【编辑共享参数】对话框的"组"中的 新建(E)... 按钮，在弹出的【新参数组】对话框中输入组名称，如"模型创建单位"（图11-54），然后单击 确定 按钮，该名称就出现在【编辑共享参数】对话框的参数组列表中。

☑ 8）单击【编辑共享参数】对话框的"参数"中的 新建(E)... 按钮，在弹出的【参数属性】对话框中输入名称（如轴网），如图11-55所示。然后单击 确定 按钮（重复该操作可以创建多个参数）。

图11-52 【编辑共享参数】对话框

图11-53 【创建共享文件】对话框

图11-54 【新参数组】对话框

图11-55 在【参数属性】对话框中添加参数名称

☑ 9）完成后单击 确定 按钮，再单击【共享参数】对话框（图11-56）的 确定 按钮。

☑ 10）再次单击【参数属性】对话框的 确定 按钮，可以发现新添加的参数出现在【族类型】对话框中（图11-57），单击【族类型】对话框中的 确定 按钮，则共享参数设置完成。

图11-56 创建完成的【参数属性】对话框

图11-57 添加共享参数的【族类型】对话框

如果用户想添加多个参数，可以重复上述操作步骤，在此就不再——赘述。

2. 窗族的创建

门窗族是建筑设计中最常见的三维构件族，其类型繁多，数量大，建模复杂。以下就简单看一下门窗族的创建过程。

☑ 1）启动Revit，新建族，选择"基于墙的公制常规模型.rft"样板，进入族编辑界面。

☑ 2）在【项目浏览器】中切换"参照标高"楼层平面视图。

☑ 3）单击【创建】选项卡的【属性】面板中的"族类别和族参数"按钮🔲，打开【族类别和族参数】对话框，在"族类别"列表中选择"窗"，勾选"总是垂直"选项，设置窗始终与墙面垂直，不勾选"共享"选项（图11-58），单击 确定 按钮。

☑ 4）使用绘制参照平面工具分别在中心线左右绘制一个参照平面，在【属性】中将这两个参照平面命名为"左""右"，将"是参照"分别设置为"左""右"，如图11-59。

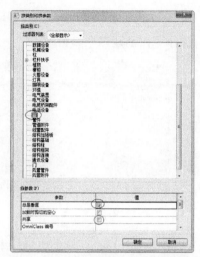

图11-58 设置【族类别和族参数】
对话框

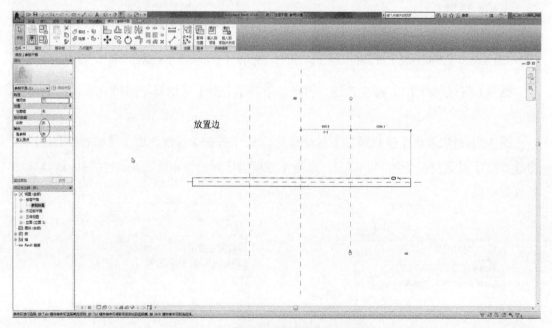

图11-59 绘制参照平面并设置其属性

☑ 5）使用"对齐标注"在三个参照平面间进行连续标注，并将其标注改为"EQ"，然后再对左参照平面和右参照平面进行一个尺寸标注，并添加参数将其设置为

"宽度"（图11-60）。

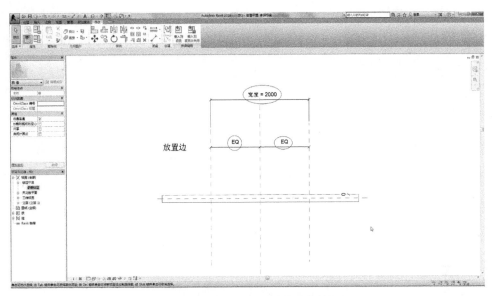

图11-60 标注参照平面并设置参数标签

☑ 6）切换到立面的"放置边"视图，再绘制两个参照平面，分别将其名称改为"顶""底"，并将其是参照分别设置为"顶""底"，使用"对齐标注"工具标注尺寸，然后将其参数标签添加为"高度"。

☑ 7）再次使用"对齐标注"工具在底面和底参照平面间进行标注尺寸，并添加其参数标签为"默认窗台高度"（图11-61）。

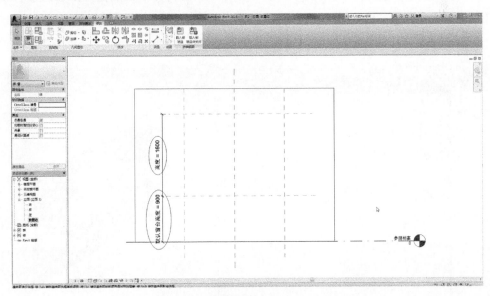

图11-61 在立面视图绘制参照平面并设置参数标签

☑ 8）单击【创建】选项卡的【模型】面板的洞口工具按钮；选择上下文选项卡【修改│创建洞口边界】的【绘制】面板的矩形按钮，捕捉参照平面的交点绘制矩形，并单击锁定标记将其四边约束到参照平面（图11-62），然后单击【模式】面板的完成按钮✓，完成窗洞口的创建。

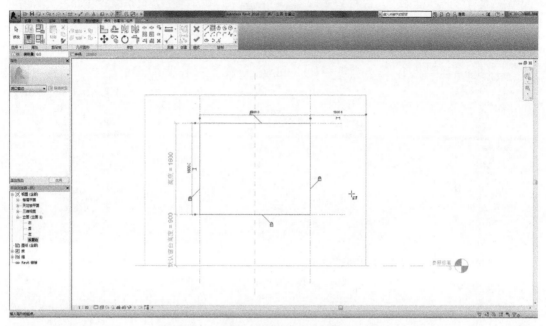

图11-62 绘制矩形并将其约束到参照平面

☑9）再次切换到"参照标高"楼层平面视图，并单击快速访问栏的三维显示按钮⌂，将模型三维显示，然后将两个视图"平铺"显示。

在"参照标高"楼层平面视图中双击"宽度"标注，修改其数值（如1200），观察洞口的变化，从而验证设置是否有效（图11-63）。

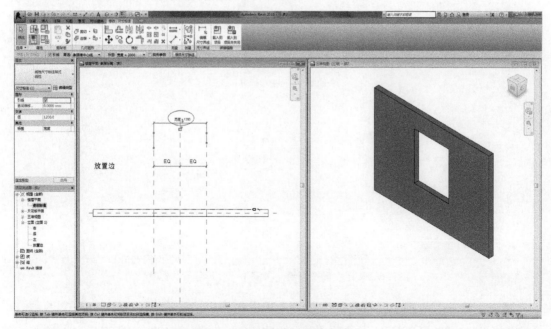

图11-63 测试宽度设置的有效性

☑ 10）同样再切换到立面的"放置边"视图，分别测试调整"高度"和"默认窗台高度"两个设置。

☑ 11）在立面的"放置边"视图中，单击【创建】选项卡的【形状】面板中的拉伸按钮；选择上下文选项卡【修改｜创建拉伸】的【绘制】面板的矩形工具▭，捕捉参照平面的交点绘制矩形；然后单击【绘制】面板的拾取线工具✎，偏移量设置为"60"，分别单击矩形的四条边，将其复制偏移（图11-64）。

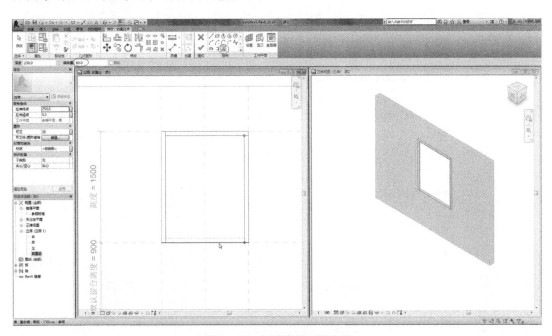

图11-64　复制偏移矩形边线

☑ 12）完成后，单击选择【修改】面板的修剪工具╗，将其修剪为矩形（图11-65）。

☑ 13）单击【模式】面板的完成按钮✓，完成窗边框的初步创建（图11-66）。

同样需要在视图中调整"宽度""高度"以及"默认窗台高度"的设置，以检验其有效性。

☑ 14）测试完成后，单击选择创建的拉伸体，在【属性】中选择"子类别"名称为"框架/竖梃"，将"拉伸起点"设置为"30"，将"拉伸终点"设置为"-30"（图11-67），可以发现之前创建的框体形状有所改变。

☑ 15）单击【属性】中"材质"参数列最后的参数关联按钮，打开【关联族参数】对话框（图11-68）。

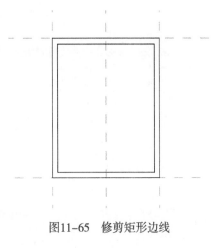

图11-65　修剪矩形边线

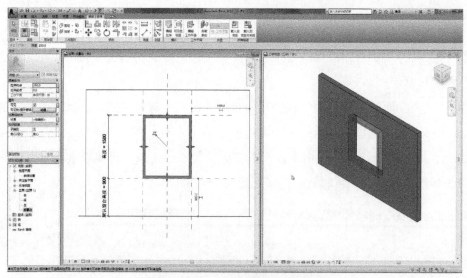

图11-66　初步完成窗边框的创建

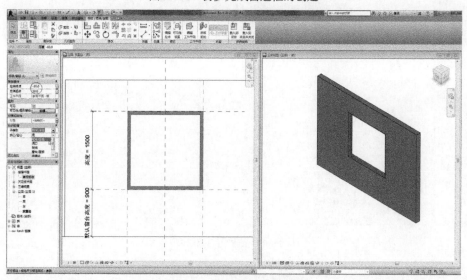

图11-67　修改拉伸体的参数

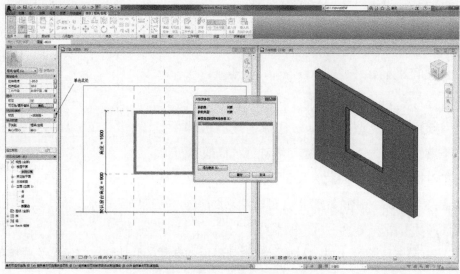

图11-68　打开【关联族参数】对话框

☑ 16）单击 [添加参数(D)...] 按钮，在弹出的【参数属性】对话框中设置参数类型为"族参数"，名称为"窗框材质"，参数为"类型"，完成后单击 [确定] 按钮关闭【参数属性】对话框。

☑ 17）在返回的【关联族参数】对话框中，选择"窗框材质"，单击 [确定] 按钮。

☑ 18）使用相同方式，在窗框内创建左右侧窗扇（注意 "拉伸起点"设置为"20"，将"拉伸终点"设置为"-20"），结果如图11-69所示。

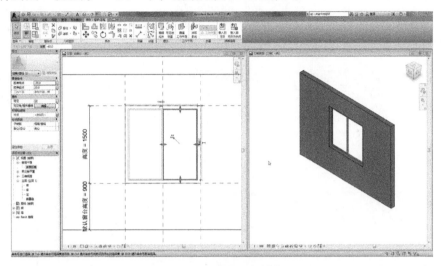

图11-69 在窗框内创建窗扇

☑ 19）在相应视图中调整其"宽度""高度"以及"默认窗台高度"的设置，以检验其有效性。

☑ 20）用同样方法在左右两个窗扇内创建玻璃，设置时注意"拉伸起点"设置为"3"，将"拉伸终点"设置为"-3"，子类别为"玻璃"，并在【关联族参数】对话框中增加"窗扇玻璃材质"参数，结果如图11-70所示。

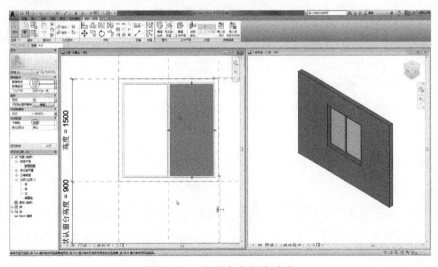

图11-70 在窗扇内创建玻璃

☑ 21）在"放置边"立面视图中，添加四个参照平面，并使用"对齐标注"在这四个参照平面间进行连续标注，并将其标注改为"EQ"（图11-71）。

☑ 22）创建窗扇的中冒头。

①单击【创建】选项卡的【形状】面板中的拉伸按钮；选择上下文选项卡【修改 | 创建拉伸】的【绘制】面板的矩形工具口，设置偏移量"15"，捕捉参照平面的交点绘制矩形（图11-72）。

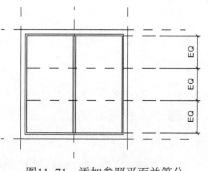

图11-71 添加参照平面并等分

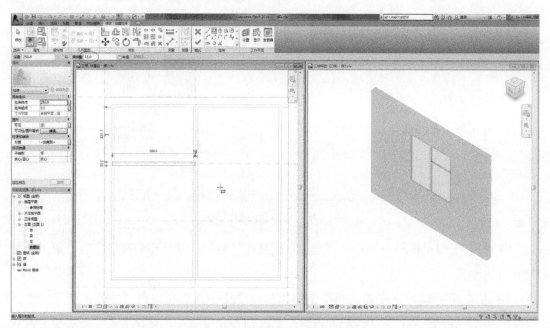

图11-72 绘制窗扇中冒头轮廓

②单击【修改】面板的对齐工具，将视图适当放大，然后单击窗扇内边线，再单击矩形的短边，使其与参照平面对齐，重复操作将中冒头的矩形轮廓调整在窗扇范围内（图11-73）。

③完成后单击【模式】面板的完成按钮，在【属性】中将"拉伸起点"设置为"15"，将"拉伸终点"设置为"-15"，子类别设为"框架/竖梃"，并在【关联族参数】对话框中选择"窗框材质"参数。

④重复上述操作，完成其余的窗扇中冒头，结果如图11-74所示。

☑ 23）调试模型。

①分别在相应的视图中调整"宽度""高度"以及"默认窗台高度"的设置，发现"宽度"设置有效，而调整"高度"以及"默认窗台高度"的设置时，中冒头未实现等分（图11-75）。

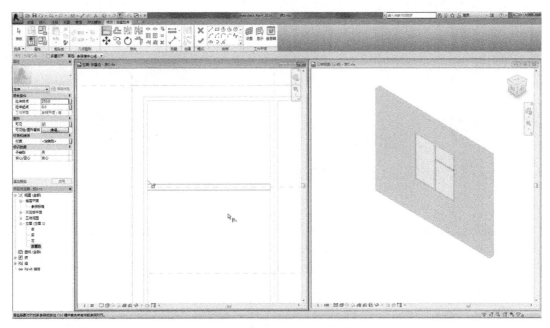

图11-73　调整窗扇中冒头轮廓

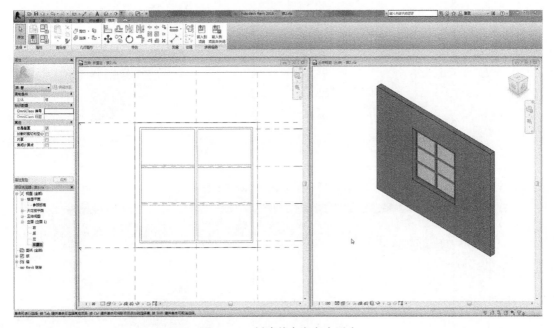

图11-74　创建其余窗扇中冒头

出现这种情况的原因是后期等分的四个参照平面没有与原参照平面形成关联。

②在立面视图中将下底参照平面与参与等分的最低端参照平面进行尺寸标注并锁定，将顶参照平面与参与等分的最顶端参照平面进行尺寸标注并锁定（图11-76）。

③再次调整"宽度""高度"以及"默认窗台高度"的设置，结果如图11-77所示。

④完成后将族保存，以备将来使用。

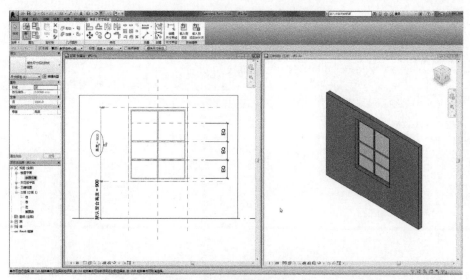

图11-75　部分参数失效

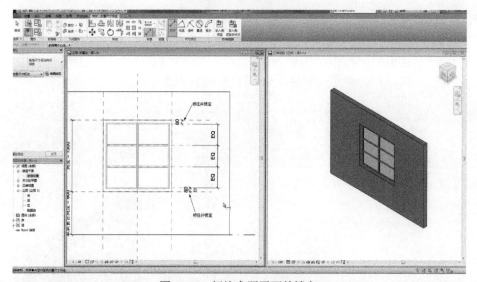

图11-76　标注参照平面并锁定

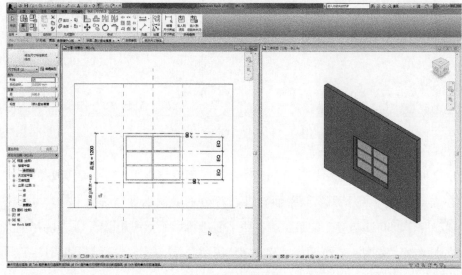

图11-77　调试结果

☑ 24）按住Ctrl键选择这四个中冒头，单击【属性】中"可见性"参数按钮后的关联参数按钮，打开【关联族参数】对话框，添加"中冒头可见"，单击 确定 按钮。

☑ 25）选择所创建的窗框、窗扇以及玻璃（注意不要选择洞口图元），然后单击上下文选项卡【修改｜选择多个】的【模式】面板的"可见性设置"按钮，打开【族图元可见性设置】对话框，取消"平面/天花板平面视图"和"当在平面/天花板平面视图中被剖切时（如果类别允许）"两项的勾选（图11-78），完成后单击 确定 按钮。

图11-78 设置【族图元可见性设置】对话框的选项

☑ 26）切换到"参照标高"楼层平面视图，可以发现模型已经灰显，表示在平面剖切时将不显示模型的实际剖切轮廓线。

☑ 27）单击【注释】选项卡的【详图】面板的"符号线"工具按钮，系统切换到上下文选项卡【修改｜放置符号线】，在【属性】中将"子类别"设定为"窗（截面）"，如图11-79所示。

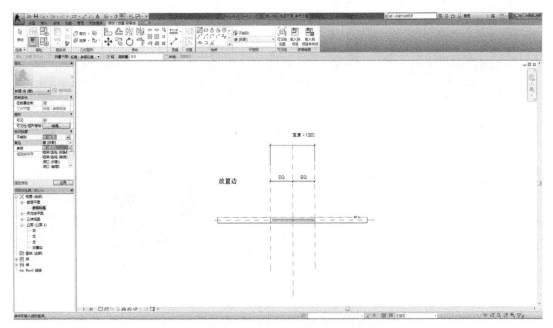

图11-79 在【属性】中设置"子类别"

☑ 28）选择【绘制】面板的直线工具，利用捕捉绘制两条直线。

☑ 29）利用"对齐标注"进行标注，并设定为"EQ"（图11-80）。

☑ 30）用类似的方法，在【族图元可见性设置】对话框，取消"左/右视图"的勾选，在立面视图中给族添加剖面视图符号线，这样当窗被剖切时将只显示所添加的符号线（窗的简图）。

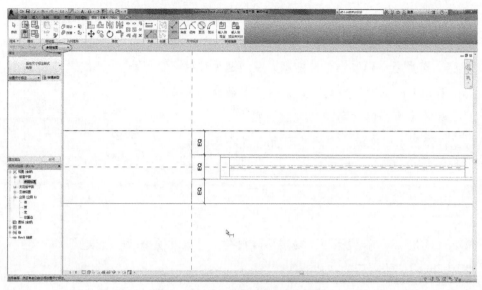

图11-80 标注所绘制的两条直线

☑ 31）切换到"参照标高"楼层平面视图，单击【创建】选项卡的【控件】面板中的控件按钮，选择上下文选项卡【修改｜放置控制点】的【控制点类型】面板的"双向垂直"按钮，在"放置边"一侧的窗中心位置单击，放置内外垂直翻转符号（图11-81）。

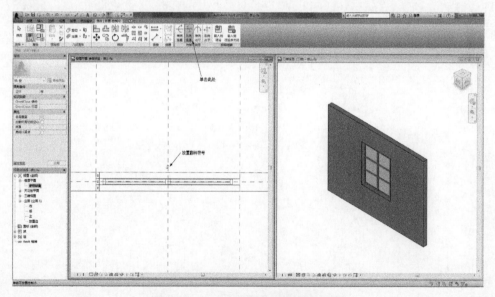

图11-81 在平面视图中放置翻转符号

☑ 32）单击【创建】选项卡的【属性】面板中的"族类型"按钮🔳；在弹出的【族类型】对话框中，不勾选"中冒头可见"；单击 重命名(R)... 按钮，将"类型1"更改为"C1215"（图11-82）。

☑ 33）单击 新建(N)... 按钮，将窗宽度设置为"900"，并命名"C0915"；重复操作，分别创建"C1515""C1815"等；完成后单击 确定 按钮。

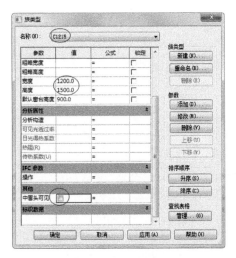

图11-82　在【族类型】对话框中设置族类型

☑ 34）完成后将族以"双扇玻璃窗"名称保存。

☑ 35）新建一个空白项目，绘制任意墙体；单击【建筑】选项卡的【构建】面板中的"窗"按钮；单击上下文选项卡【修改｜放置窗】的【模式】面板的"载入族"按钮，选择之前所创建的族，在【属性】中选择不同的窗类型，分别在墙体上插入窗（图11-83）。

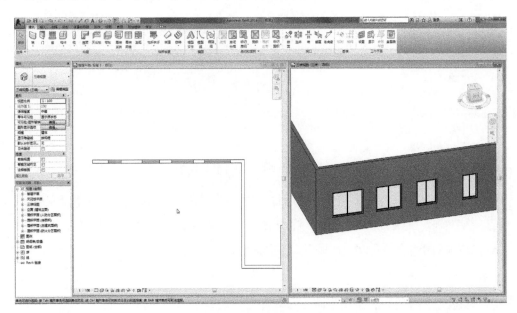

图11-83　在墙体中添加窗

从平面图中可以发现，窗的二维图形是按照简图形式显示，符合我国的制图标准，说明之前的设置有效。

☑ 36）任意选择一个窗，单击【属性】旁边的 按钮，在弹出的【类型属性】对话框中勾选"中冒头可见"，如图11-84所示。

☑ 37）完成后单击 确定 按钮，结果如图11-85所示。

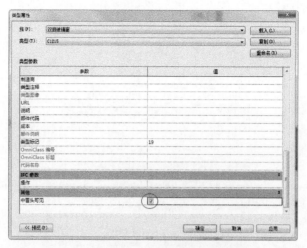

图11-84　设置【类型属性】对话框

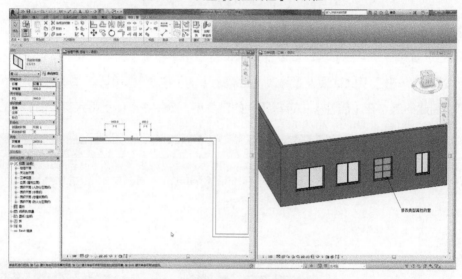

图11-85　修改类型属性后的结果

以上系统介绍了窗族的基本创建过程，对于门族、栏杆族等操作方法基本类似。另外还有栏杆族、轮廓族、标题族、注释族以及嵌套族等的创建，有很多全面详细的资料，请用户自行查找学习，在此就不再一一赘述。

11.3　族文件测试与管理

在实际使用族文件前，应当对其进行测试，以保证模型的准确性；而大量的族文件还需要以一定的标准加以管理。

11.3.1　族文件测试

族文件的测试主要包括测试目的、测试流程及相关文档等内容。

1. 测试目的

（1）确保族文件良好的参变性能　测试族文件的参数参变，可以保证族文件在实际项目中具有稳定的参变性能。

（2）符合我国的设计规范与相关标准　参照我国的相关设计规范、图集以及设计单位内部有关线型、图例规定等，检查族文件在不同视图和精细程度上的显示，保证项目文件最终的出图质量。

（3）具有统一性　对于族文件统一性的测试，将对族库的管理非常有帮助，同时对项目文件的创建也会带来相应的便利。

1）族文件与样板的统一性。在项目文件中加载族文件后，族文件自带的信息，比如"填充样式""图案""材质"等也被自动加载至项目文件中，如果项目文件已包含同名的信息，则族文件的信息将被项目文件覆盖。所以在创建族文件时，应尽量参考项目文件已有的信息，如果有新建的需要，在命名和设置上应与项目文件保持统一。

2）族文件自身的统一。统一规范族文件的某些设置，例如插入点、保存后的缩略图、材质、参数命名等，将有助于族库的管理、搜索以及载入等。

2. 测试流程

族的测试流程基本上可以概括为：依据测试文档的要求，将族文件分别在测试项目环境中、族编辑环境和文件浏览器环境中进行逐条地测试，并完成测试报告。

（1）制订测试文档　不同类别的族文件，测试方法也不尽相同，通常可以将其按照二维和三维来分类。

1）针对二维族文件，"详图构件"的创建流程和族样板功能具有典型性，建议以此类别为基础，制订"二维通用测试文档"。由于"标题栏""注释""轮廓"等具有一定的特殊性，可以在"二维通用测试文档"的基础上添加或删除一些特定的测试内容。

2）对于三维族文件，由于其包含了大量的族类别，但相当一部分族类别的创建流程、样板功能和建模方式类似，如"常规模型""家具""柜橱""专用设备"等，可以分类制订文档，比如"三维家具通用测试文档"等。对于特殊构件，可以在此基础上适当增删其测试内容。

一般测试文档可包括测试目的、测试方法、测试标准以及测试报告等内容。

（2）创建测试项目文件　针对不同类别的族文件，需要创建相应的项目文件来模拟族文件在实际项目中的调用过程，从而发现可能存在的问题。

（3）在测试项目环境中进行测试　在已创建的项目文件中，加载族文件，检查不同视图下族文件的显示，改变族文件的类型参数与系统参数设置，检查族文件的参变性能。

（4）在族编辑中打开族文件，检查族文件与样板之间的统一性，以及族文件之间的

统一性。

（5）在文件浏览器中观察文件缩略图显示情况，并根据文件属性查看文件量大小是否在正常范围。

（6）参照测试文档中的测试标准，对于错误的项目逐一进行标注，完成测试报告，以便于文件的进一步修改。

11.3.2 族文件管理

族文件管理包括文件夹结构、文件规范命名等内容。

1. 文件夹结构

建议用户参考族类别进行分类，建立根目录。如果族数量和种类较多，宜创建多级子目录，子目录可按功能、形式、材质等分别创建，但子目录不宜过多，以免影响创建进程。

2. 文件规范命名

（1）族文件的命名 族以及嵌套族的命名应准确、简短、明晰，如"单扇平开玻璃门"。如果有多个同类族时，命名应突出该族的特点，如"圆形把手""方形把手""异形把手"等。假如同一构件创建了2D和3D族时，在命名一致的情况下加注2D或3D，如"陶瓷浴缸2D""陶瓷浴缸3D"等。

（2）族类型的命名 族类型的命名主要基于各类型参数的不同，突出各类型之间的区别，包括样式、尺寸、材料和数量等。

（3）族参数的命名 如果新添加的族参数为主要参数（如尺寸、材料等），宜选用明确的中文名称，如"长度""宽度""高度"等，其"参数分组方式"通常按照系统默认即可。对于辅助参数，即用户不需修改或很少修改的参数，其命名可用中文或代号，其"参数分组方式"宜选择"其他"。

第 12 章

视图的创建与深化

三维模型创建完成后，应当进一步创建视图并深化。本章主要系统讲述如何利用Revit的视图功能进行图样的深化设计。包括创建视图、删除视图、重命名视图、施工图中的线型、图例、注释以及明细表等内容。

12.1　视图的创建

视图在Revit中非常重要，模型创建完成后，用户可以通过设置视图的相关属性（包括模型对象的显示、模型图元的截面形式、线型、打印线宽以及颜色等图形信息），进一步形成施工图，从而实现项目的具体实施。

12.1.1　【项目浏览器】简介

【项目浏览器】（图12-1）用于显示当前项目的所有视图（包括楼层平面、天花板平面、立面等）、图例、明细表、族、组等。

图12-1　项目浏览器

1. 打开项目浏览器的方法

实际建模过程中，如果【项目浏览器】没打开，可以单击【视图】选项卡的【窗口】面板中的"用户界面"按钮，勾选"项目浏览器"即可将其打开，如图12-2所示。

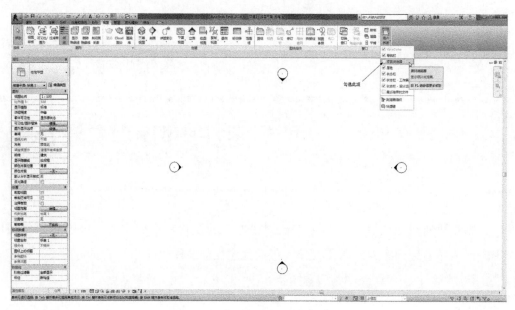

图12-2　打开项目浏览器的方法

2. 项目浏览器的基本操作

（1）**打开一个视图**　双击视图名称可以打开该视图；或者在视图名称上单击鼠标右键，然后点击浮动对话框的"打开"。

（2）**复制视图**　在视图名称上单击鼠标右键，然后点击浮动对话框的"复制视图"，再点击下级浮动对话框的"复制"。如果选择"带细节复制"的话，视图的专有图元（如详图构件、尺寸标注等）将被复制到视图中。

（3）**视图重命名**　在视图名称上单击鼠标右键，然后点击浮动对话框的"重命名"；或者单击选择视图，然后按F2键。

（4）**删除视图**　在视图名称上单击鼠标右键，然后点击浮动对话框的"删除"。

（5）**修改属性**　在视图名称上单击鼠标右键，然后点击浮动对话框的"属性"。

（6）**展开或收拢视图**　单击视图前的"+"可以展开下级视图，单击视图前的"-"可以收拢下级视图。

（7）**查找相关视图**　在视图名称上单击鼠标右键，然后点击浮动对话框的"搜索"。

（8）**创建新图样**　在"图样"分支上单击鼠标右键，然后点击浮动对话框的"创建新图样"。

（9）**将视图添加到图样**　将视图拖曳到图样名称上；或者在图样名称上单击鼠标右键，然后点击浮动对话框的"添加视图"。

（10）**从图样中删除视图**　在图样名称下的视图名称上单击鼠标右键，然后点击浮动对话框的"从图样中删除"。

12.1.2　【设置】面板中的"其他设置"

单击【管理】选项卡的【设置】面板中的"其他设置"按钮（图12-3）。

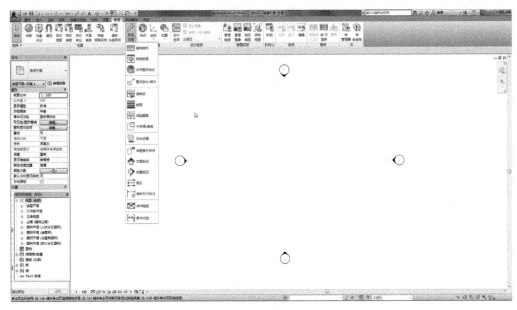

图12-3　单击"其他设置"按钮

1. 线样式

单击"线样式"按钮，系统弹出【线样式】对话框（图12-4），可以在其中修改已有线样式的线宽、颜色及图案；还可以根据需要单击　新建(N)　按钮创建新样式。

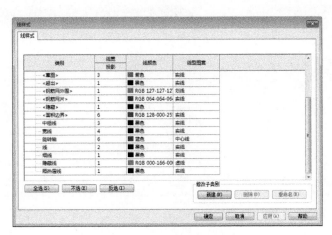

图12-4　【线样式】对话框

2. 线型图案

该工具可以创建或修改线型图案，创建完成后，使用"对象样式"管理将其指定给相应图元。

☑（1）单击"线型图案"按钮，系统弹出【线型图案】对话框（图12-5）。

☑（2）单击 新建(N) 按钮，系统弹出【线型图案属性】对话框（图12-6）。

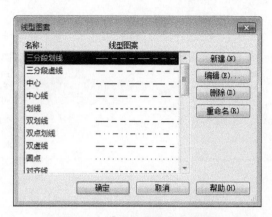

图12-5 【线型图案】对话框　　　　图12-6 【线型图案属性】对话框

☑（3）设置【线型图案属性】对话框。

1）在"名称"栏输入新建线型图案的名称，如"通用轴网线"。

2）在第一行的"类型"中，选择为"划线"，"值"输入"15mm"；第二行的"类型"中，选择为"空间"，"值"输入"3mm"；第三行的"类型"中，选择为"划线"，"值"输入"1mm"；第四行的"类型"中，选择为"空间"，"值"输入"3mm"（图12-7）。

3）完成后，单击 确定 按钮，返回【线型图案】对话框，可以看到新创建的线型已经出现在对话框中（图12-8）。

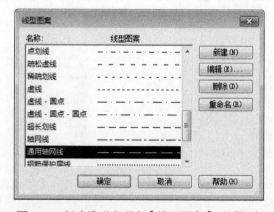

图12-7 设置【线型图案属性】对话框　　图12-8 新建线型出现在【线型图案】对话框中

☑（4）单击 确定 按钮，关闭【线型图案】对话框，系统将使用"通用轴网线"重新绘制所有轴网图元。

3.线宽

单击"线宽"按钮 线宽，在系统弹出的【线宽】对话框（图12-9）中可以创建或修改线宽，用于控制模型线、透视视图线或注释线的宽度。模型线的线宽要受视图比例的影响。

图12-9 【线宽】对话框

在"模型线宽"标签中单击 添加(D)... 按钮，可以添加视图比例，并在该视图比例下指定各代号线宽的打印值。

12.1.3 对象样式管理

Revit与CAD有着明显的不同，CAD是通过"图层"来控制图形的样式和显示，而Revit是利用对象样式工具来管理对象类别和子类别的模型信息。对象样式的功能与CAD的图层功能类似，修改对象样式中类别的线宽、颜色、线型图案即可同步修改相应模型的外观样式。

修改类别的外观显示的主要方法是通过"对象样式"或"可见性/图形替换"等来实现，其中"对象样式"可以全局查看和控制当前项目中的对象类别和子类别的线宽、线颜色等；"可见性/图形替换"则可以在各个视图中有针对性地对图元进行控制和替换。

1. 对象样式的使用

单击【管理】选项卡的【设置】面板中的"对象样式"按钮，可以打开【对象样式】对话框（图12-10）。

图12-10 【对象样式】对话框

1）在"模型对象"标签中，列举了当前建筑规程中对象类别的线宽、线颜色、线型以及材质等设置，用户可以在列表中单击选择相应项进行修改。

2）在"注释对象"标签中，列举了当前注释图元的线宽、线颜色、线型以及材质等设置，用户可以在列表中单击选择相应项进行修改。

3）在"分析模型对象"标签中，列举了当前分析图源的线宽、线颜色、线型以及材质等设置，用户可以在列表中单击选择相应项进行修改。

4）在"导入对象"标签中，列举了当前导入的族图元或图形的线宽、线颜色、线型以及材质等设置，用户可以在列表中单击选择相应项进行修改。

如果在【对象样式】对话框的"过滤器列表"中，只勾选"建筑"（图12-11），可以对建筑图元的线宽、颜色以及线型图案进行设置。

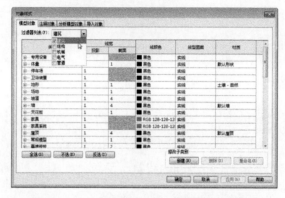

图12-11　在【对象样式】对话框中勾选选项

2. 可见性/图形替换的使用

"可见性/图形替换"主要用于控制模型图元、注释、导入、链接的图元以及工作集图元在视图中的可见性和图形显示。

使用该工具可以替换图元的截面线、投影线以及模型类别的表面、注释以及类别等。

单击【视图】选项卡的【图形】面板中的"可见性/图形替换"按钮 （或者使用快捷键"VV""VG"），打开【可见性/图形替换】对话框（图12-12）。

图12-12　【可见性/图形替换】对话框

用户可以在对话框勾选所需图元的可见性，并设置图元的显示样式。

12.1.4 视图过滤器

使用视图过滤器可以按指定条件控制视图中图元的显示。当然，必须先创建视图过滤器，然后才能在视图中使用过滤条件。

☑ 1）单击【视图】选项卡的【创建】面板中的按钮旁边的小黑三角，选择"复制视图"工具（图12-13）。

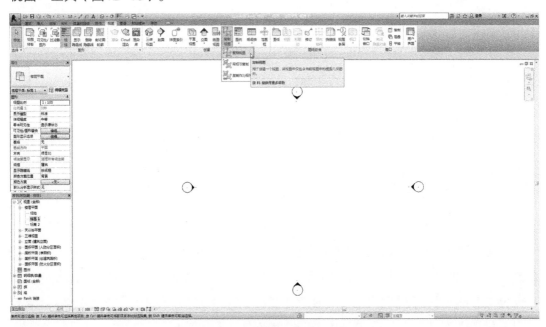

图12-13 单击选择"复制视图"工具

☑ 2）在【浏览器】中选择被复制的视图（如标高1副本1），单击右键选择"重命名"，弹出【重命名视图】对话框，如图12-14所示。

图12-14 【重命名视图】对话框

☑ 3）在对话框中重新输入视图名称，比如"标高1外墙"，完成后单击 确定 按钮，可以发现在【浏览器】中的视图名称被修改（图12-15）。

☑ 4）单击【视图】选项卡的【图形】面板中"过滤器"按钮，系统弹出【过滤器】对话框（图12-16）。

☑ 5）单击【过滤器】对话框的"新建"按钮，在【过滤器名称】对话框中输入"外墙"，然后单击 确定 按钮返回【过滤器】对话框，在类别栏的对象类别列表中选择"墙"对象类别，设置过滤条件为"功能"，判断条件为"等于"，值为"外部"，结果如图12-17所示。

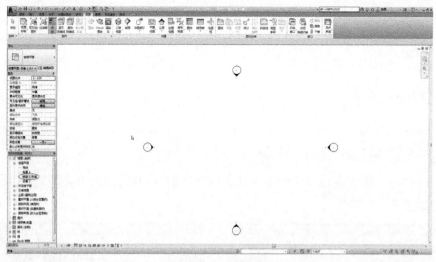

图12-15　视图重命名

图12-16　【过滤器】对话框

图12-17　在【过滤器】对话框中添加设置

☑6）使用同样方法创建"内墙"过滤器，其类别依然是"墙"，设置过滤条件为"功能"，判断条件为"等于"，值为"内部"，完成后单击 确定 按钮关闭对话框。

☑7）单击【视图】选项卡的【图形】面板中的"可见性/图形替换"按钮（或者使用快捷键"VV""VG"），打开【可见性/图形替换】对话框。

☑8）单击对话框中的"过滤器"标签，单击 添加(D)... 按钮，在弹出的添加过滤器对话框中，按 Ctrl 键选择新设置的"外墙""内墙"过滤器（图12-18）。

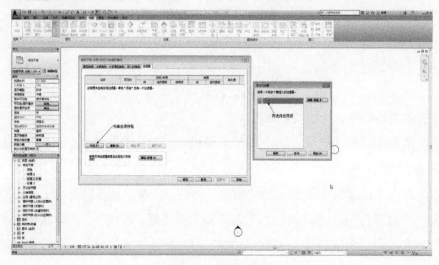

图12-18　添加过滤器

☑ 9）完成后，单击 确定 按钮，结果如图12-19所示。

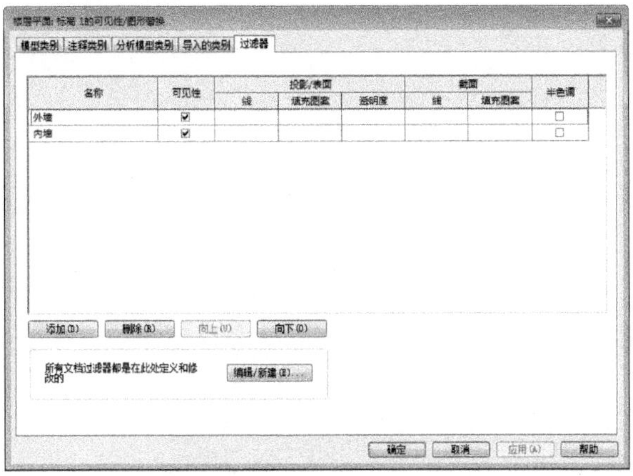

图12-19　添加过滤器的结果

☑ 10）设定"外墙"过滤器的截面填充图案为"实心""蓝色"，勾选内墙为半色调（图12-20），单击 确定 按钮关闭对话框。

图12-20　设置过滤器

设置完成后，在视图中的外墙将被蓝色实心填充，内墙将半色调显示，以达到区分显示的效果。

使用过滤器工具可以根据既定的参数条件过滤视图中的图元对象，并可使用过滤器控制对象的显示、隐藏及线型等。使用过滤器可以根据需要突出强调设计意图，使图样更加灵活、生动。

使用"复制视图"功能，可以复制视图生成副本，各视图副本可以单独设置可见性、过滤器、视图范围等属性。复制后新视图中将仅显示项目模型图元。使用"带细节复制"还可以复制视图中所有二维注释图元，但生成的视图副本将作为独立视图，在原视图中新添加注释不会影响副本视图，反之亦然。如果希望生成的副本视图与原视图实时关联，可以使用"复制作为相关"方式，这样如果在原视图中修改，副本视图将实时显示。

12.1.5 视图样板

在【可见性/图形替换】对话框中设置对象类别的可见性及视图替换显示仅限于当前视图。如果有多个同类型的视图需要按相同的可见性或图形替换设置，可以使用视图样板功能来完成。

单击【视图】选项卡的【图形】面板中的"视图样板"按钮旁边的小黑三角，可以进行相应工具的选择（图12-21）。

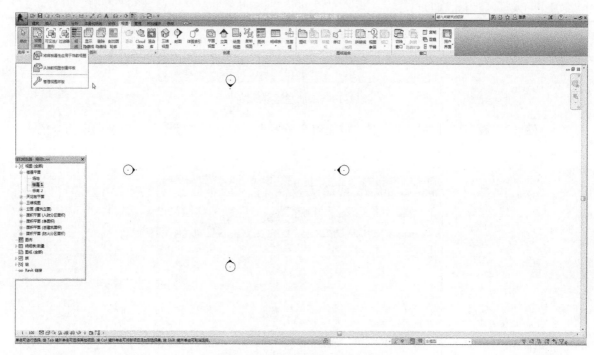

图12-21 视图样板的几个工具

1. 将样板属性应用于当前视图

选择该工具，将弹出【应用视图样板】对话框（图12-22）。该工具的主要功能是将存储在视图样板的特性应用到当前视图中。使用视图样板可以应用规程特定的设置和自定义视图外观，但是一旦用户对视图样板进行更改，不会自动应用到该视图，这时使用该工具就可以完成对当前视图的更新。

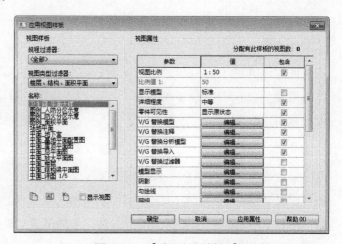

图12-22 【应用视图样板】对话框

2. 将当前视图创建样板

可以使用当前视图的属性作为新样板基础来创建一个视图样板，这样用户一旦完成一个符合相关标准的完整视图，可使用该工具创建一个新样板，这样在接下来的其他项目的创建过程中可以直接使用该样板，避免了每次繁琐的设置，从而保证了文档集之间的一致性。

3. 管理视图样板

该工具主要用于显示项目中样板视图的参数，用户可以添加、删除或编辑现有视图样板，还可以复制现有的视图样板，作为创建新视图样板的基础。如果修改现有样板的参数，不会影响以前的视图。

这三个工具的灵活使用，可以大大提高劳动效率。比如：用户将一个完整的视图使用第二个工具创建出一个新的样板，再使用第一个工具将样板应用到新视图；如果需要部分调整样板，则使用第三个工具进行相应的更改，然后再使用第一个工具将样板应用到新视图，这样既保证了规程的一致性，又避免了重复设置，自然会降低劳动强度。

12.1.6 创建视图

【视图】选项卡的【创建】面板如图12-23所示，使用该面板的工具可以创建相应的视图。

图12-23 【创建】面板

（1）**三维视图** 单击按钮，用于打开默认的三维视图；使用其中的工具可以在视图中放置相机，创建透视的三维图；使用工具，可以创建模型的三维漫游，并导出AVI文件或图像文件。

（2）**平面视图** 单击按钮，可以创建楼层平面、天花板投影平面、平面区域以及面积平面等视图（图12-24）。

（3）**立面** 单击按钮，用于创建立面视图，其中工具主要用于创建框架立面，以显示竖向支撑，该工具一般用于一些复杂结构使用。

（4）**剖面** 单击按钮用于创建剖面视图。

（5）**绘图视图** 单击按钮，可以使用二维细节工具按不同的视图比例及精细程度创建不与建筑模型直接关联专有详图。

（6）**详图索引** 单击按钮，可以在视图中创建详图索引。

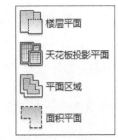

图12-24 "平面视图"工具

（7）**明细表** 单击 按钮，可以创建明细表，包括材质提取、图样列表、视图列表和注视块等工具（图12-25）。

（8）**图例** 图例按钮 包括 图例 和 注释记号图例 两个工具，用于创建图例的选项，所创建图例主要用于显示项目中使用的各种构件和注释的列表。比如：可以为材质、符号、线样式、工程阶段、项目阶段以及注释记号创建图例。

（9）**范围框** 单击 按钮，可以控制特定视图中的基准图元（包括轴网、标高和参照线等）的可见性。方法是创建一个范围框，将该范围框应用于基准图元，然后将该范围框应用于所需的视图。

（10）**复制视图** 单击 按钮，可以将视图创建为副本，"复制视图"提供了三个工具（图12-26），在前面已经讲过。

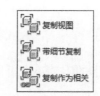

图12-25　"明细表"工具　　　　图12-26　"复制视图"工具

12.2　施工图的深化

前面简单介绍了关于视图创建的基本知识，对于后期深化施工图样会有很大的帮助。实际上按照默认方式选定建筑样板或构造样板进入Revit后，样板本身会自动带有一些常用视图，用户不必每次都重新创建，仅需在其中根据项目的实际需要进行增减设置即可。而且，如果之前用户已经有一个相对完善的项目，仅需用之前讲过的方法直接创建一个新样板，然后稍加修改即可进入新项目的设计流程。

完成项目视图的设置后，可以在视图中添加尺寸标注、标高、文字及符号等注释信息，从而达到施工图样所需的深度。

下面将简单介绍如何完成施工图样中的平面图、立面图、剖面图、详图以及明细表等内容。并且，为了不影响项目的调整，建议用户使用复制视图副本的方法进行相关注释。

12.2.1　平面图的深化

在平面图中，需要详细表述尺寸线（包括外包尺寸、轴间尺寸及细部尺寸）、标高及门窗标记等。

1. 创建关于图样的副本

☑ 1）在【项目浏览器】中选择平面视图（如标高1），单击右键，在"复制视图"中选择"复制"方式（图12-27）。

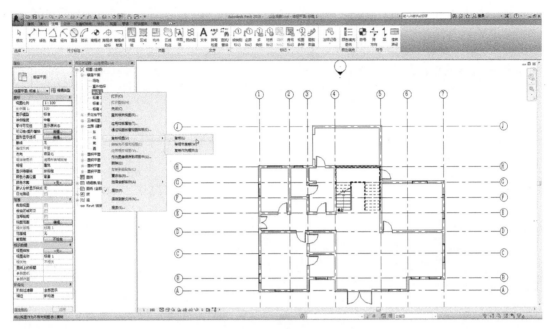

图12-27　复制平面视图

☑ 2）选择被复制的视图（如标高1副本1），单击右键选择"重命名"项，在弹出的【重命名视图】对话框中将其名称修改为"如标高1施工图"，如图12-28所示。

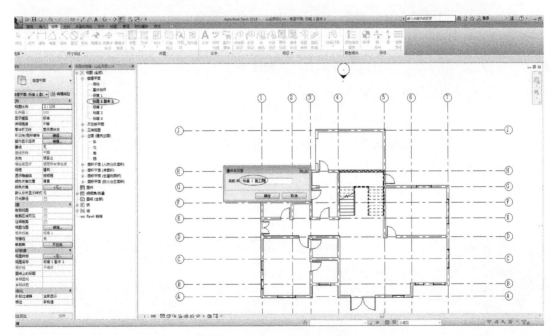

图12-28　将复制平面视图重命名

☑ 3）重复上述操作，将标高2、标高3视图复制并重命名。

2. 设置尺寸标注类型

注释尺寸之前，应设置尺寸标注类型。

☑ （1）单击【注释】选项卡中【尺寸标注】面板的小黑三角，在其下拉列表中选择"线性尺寸标注类型"项，如图12-29所示。

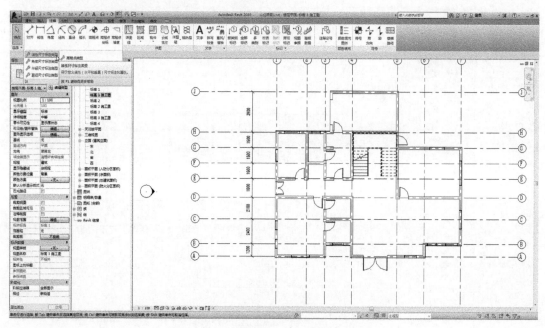

图12-29　选择"线性尺寸标注类型"项

☑ （2）在弹出的【类型属性】对话框中，设置各项参数。

1）设定"标记字符串类型"为"连续"。

2）设定"记号"（即起止符号）为"对角线3mm"。

3）设定"线宽"为"1"，即细线。

4）设定"记号线宽"为"4"，即粗线。

5）确认"尺寸界线控制点"为"固定尺寸标注线"。

6）设置"尺寸界线长度"为"8mm"；"尺寸界线延伸"为"2mm"。

7）设置"颜色"为"蓝色"。

8）确认"尺寸标注线捕捉距离"为"8mm"。用于确定尺寸线之间的距离。

9）设置"文字大小"为"3.5mm"；"文字偏移"为"1mm"；设置"文字字体"为"仿宋"。设置结果如图12-30所示。

☑ （3）完成后单击 确定 按钮关闭对话框。

3. 添加尺寸标注

在【注释】选项卡的【尺寸标注】面板中选用工具对图形进行相应的标注（图12-31）。

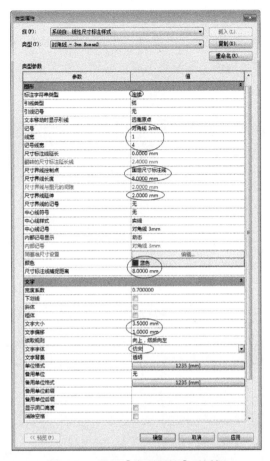

图12-30　设置【类型属性】对话框

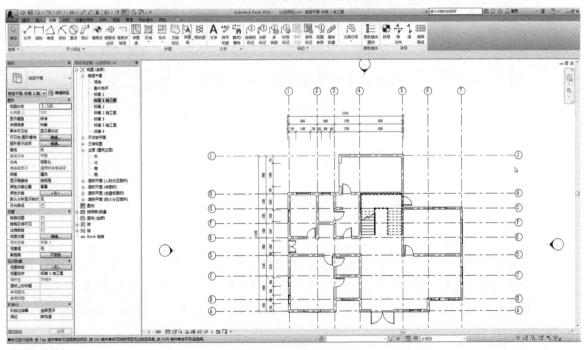

图12-31　添加尺寸标注

同样，可以对其他视图进行类似的标注。如果其他层的尺寸完全一致，可以先复制这些尺寸标注，然后单击【修改 | 尺寸标注】上下文选项卡的【剪贴板】面板的"复制到剪贴板"按钮🗋，然后再单击【剪贴板】面板的"粘贴"按钮下的小黑三角，在其列表中选择"与选定的视图对齐"项（图12-32）。

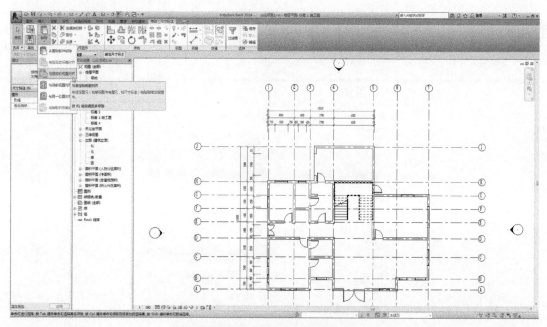

图12-32 选择"与选定的视图对齐"项

然后在弹出的【选择视图】对话框中，选择相应的视图（图12-33），单击 确定 按钮关闭对话框，则尺寸标注被复制到其他视图。

完成后，可以在其他视图中添加其他的标注。

4. 替换门窗

由于创建模型所选择的门窗等构件多用系统自带的族，不一定能够满足项目要求，用户也可以自己创建族并将其应用到项目中。

上一章曾经创建了一个窗族，可以将其应用到项目中，并将现有的窗进行替换，方法如下。

图12-33 在【选择视图】对话框中选择视图

☑1）单击【插入】选项卡的【从库中载入】面板中选择"载入族"按钮🗋。

☑2）选择之前保存族的文件夹，选择所创建的窗族，然后单击 打开(O) 按钮。

☑3）选择视图中的一个窗，在【属性】中选择载入族的类型（图12-34），则该窗被载入族替换。

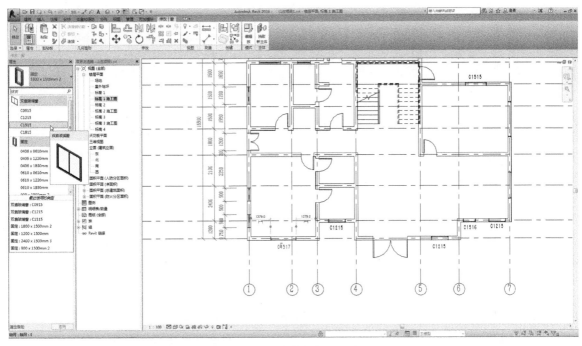

图12-34　替换视图中的窗

☑ 4）重复上述操作，直至所有窗被替换。

从以上操作中可以看出，以现有族替换视图中的构件可以更符合项目的需求，同时也进一步明确了族的重要性。

5. 添加门窗标记

门窗标记即门窗的代号，在施工图中用于区别门窗类型，非常重要。Revit中提供了"全部标记"和"按类别标记"等工具。

在【注释】选项卡的【标记】面板中选择"全部标记"按钮，在弹出的【标记所有未标记的对象】对话框（图12-35）中选择"窗标记"，然后单击 应用(A) 按钮，系统将自动提取窗对象的类型名称作为窗图元标记。

用同样方法可以进行门或其他构件的标记，完成后单击 确定 按钮关闭对话框。

图12-35　【标记所有未标记
的对象】对话框

6. 添加高程

每个楼层都需要添加楼层标高，可以选择【注释】选项卡的【标记】面板中 按钮，在【属性】中选择标高符号类型，如正负零高程点（项目），如图12-36所示。然后在适宜位置放置标高，完成后按两次 Esc 结束。

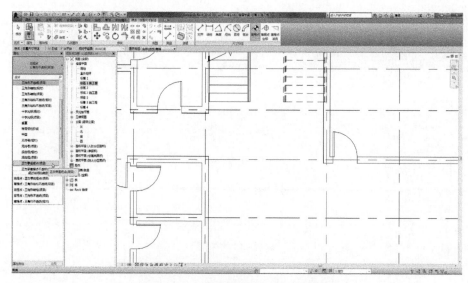

图12-36 在【属性】中选择标高类型

对于平面图中还有其他需要添加的注释，操作方法与以上类似。

12.2.2 立面图的深化

☑ 1）将视图切换到立面视图，如北立面。用同样的方法复制该立面，并将复制的视图名称修改（如北立面施工图）。

☑ 2）在视图中，由于众多轴线不需全部在视图中出现，可以选择多余的轴线，单击右键，选择"在视图中隐藏"，如图12-37所示。

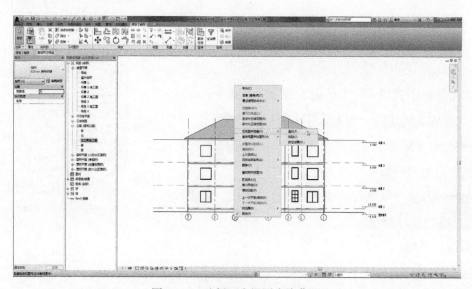

图12-37 选择"在视图中隐藏"

☑ 3）对于长轴线，选择轴线并单击拖曳端点（图12-38）。

☑ 4）拖曳鼠标将轴线调整到适宜位置。用同样方法调整标高线，结果如图12-39所示。

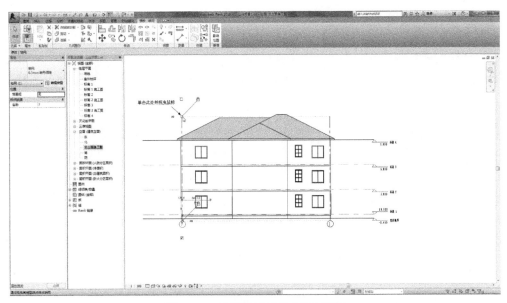

图12-38　选择轴线并单击拖曳端点

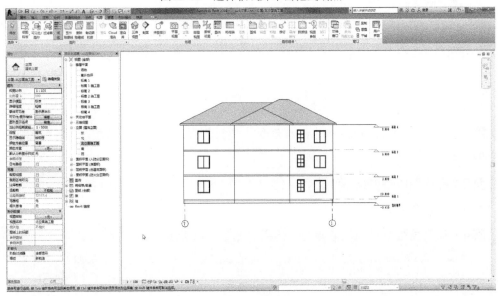

图12-39　调整轴线

☑ 5）在【注释】选项卡的【尺寸标注】面板中选用 工具对图形进行相应的标注。

☑ 6）单击【注释】选项卡的【标记】面板中 按钮，添加其他高程。结果如图12-40所示。

对于立面图中还有其他需要添加的注释，操作方法与以上类似。

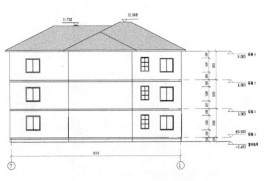

图12-40　添加尺寸与高程

12.2.3 剖面图的深化

1. 创建剖面视图

单击【视图】选项卡的【创建】面板中 按钮，在平面视图的楼梯处添加剖切符号，则在【项目浏览器】的视图中会出现剖面视图（图12-41）。

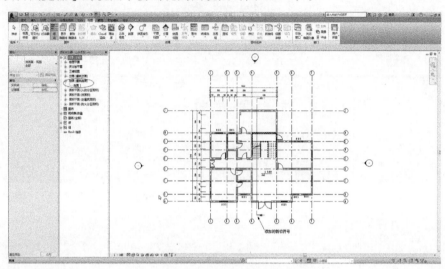

图12-41 创建剖面视图

2. 剖面图细化

☑ 1）单击【项目浏览器】中的"剖面（建筑剖面）"的"剖面1"，将视图切换到剖面图。

☑ 2）在视图中将多余轴线隐藏。

☑ 3）在楼层处添加标高。

☑ 4）在剖面图中添加尺寸标注，结果如图12-42所示。

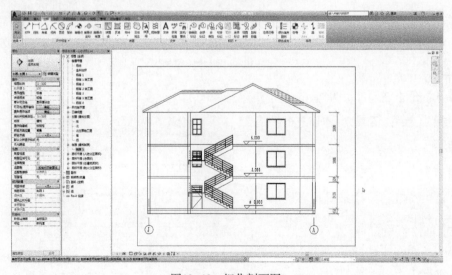

图12-42 细化剖面图

12.2.4 详图的创建

使用Revit创建建筑模型时，起初可以不把各种细节都表现出来，在施工图中可以借助详图工具进一步进行深化，这是一种简单的方法，这样可以减少模型的容量，减轻硬件的负担。还有一种方法就是细化建筑模型，完成后直接利用三维模型生成详图，再在其中增加注释等内容。

实际上第一种方法还是一个传统思维，没有完全发挥BIM的优势，但修改施工图会很方便；第二种方法应该是未来BIM的发展方向，只是目前受硬件制约，需要相对高端的设备运行。

1. 绘图视图

绘图视图是指在详图设计中创建的与模型不关联的详图，如同手绘的二维视图或从外部导入的CAD图。该工具的使用方法如下。

☑ 1）单击【视图】选项卡的【创建】面板中的"绘图视图"按钮。

☑ 2）在弹出的【新绘图视图】对话框（图12-43）中，输入视图名称、设定比例。

图12-43　【新绘图视图】对话框

☑ 3）完成后单击 确定 按钮，进入新绘图视图界面。

☑ 4）单击【注释】选项卡的【详图】面板中"详图线"按钮，在上下文选项卡【修改｜放置详图线】的【绘制】面板选择相应的绘制工具，绘制详图轮廓（图12-44）。

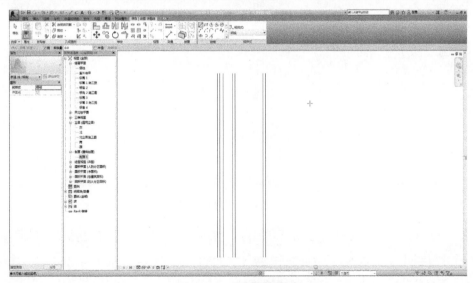

图12-44　绘制详图轮廓

☑ 5）单击【注释】选项卡的【详图】面板中"隔热层"按钮，在相应区域绘制保温层，如图12-45所示。

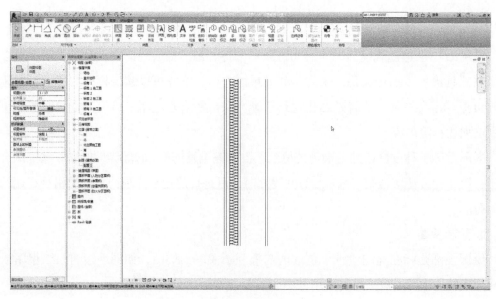

图12-45　绘制保温层

☑6）单击【注释】选项卡的【详图】面板中"区域"按钮下的小黑三角，选择"填充区域"（图12-46）。注意，这里有两个选择，一个是"填充区域"，指的是在指定区域内填充相应图案；另一个是"遮罩区域"，指的是将指定区域的图形隐藏。

图12-46　选择"填充区域"工具

☑7）在【属性】中选择相应的填充图例，然后选择上下文选项卡【修改｜创建填充区域边界】的【绘制】面板的▢工具，在相应区域绘制矩形的封闭区域，完成后单击✔按钮。

☑8）重复操作，直至完成全部构造层的填充。

☑9）单击【注释】选项卡的【详图】面板中"详图线"按钮，在上下文选项卡【修改｜放置详图线】的【绘制】面板选择直线工具，绘制标注引线（图12-47）。

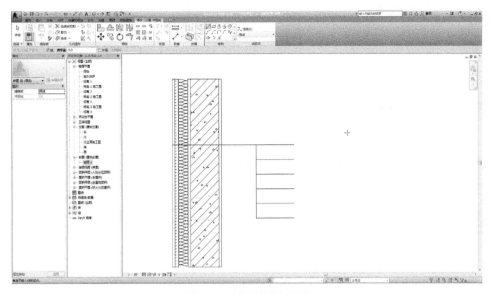

图12-47　绘制标注引线

☑10）单击【注释】选项卡的【文字】面板中"文字"按钮A，在相应位置添加文字注释（如同CAD的多行文本），结果如图12-48所示。

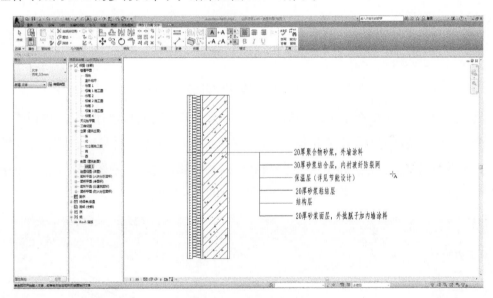

图12-48　添加文字注释

☑11）完成后将图形保存。

2. 利用详图索引工具创建详图

Revit提供了详图索引工具，可以将现有视图进行局部放大以生成索引视图，并在索引中显示模型图元。

☑1）切换到剖面视图，如"剖面1"。

☑2）在【视图】选项卡的【创建】面板中单击"详图索引"工具，系统切换至上下文选项卡【修改|详图索引】。

☑3）在【属性】中设置当前详图索引类型为"详图索引"，单击编辑类型按钮，打开

【类型属性】对话框，单击 复制(D)... 按钮，将复制名称修改为"剖面详图视图索引"，完成后单击 确定 按钮。

☑ 4）适当放大屋顶部位，在屋顶位置单击鼠标左键，然后拖动鼠标拉出一个窗口（图12-49）。

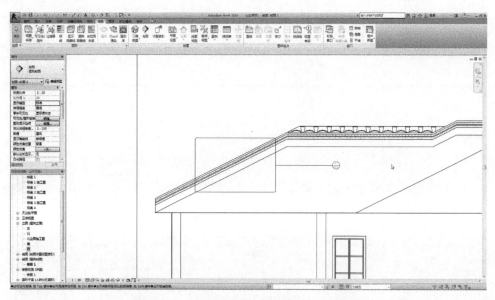

图12-49 在屋顶位置拖动鼠标拉出一个窗口

☑ 5）完成后，系统在【项目浏览器】中将自动创建"剖面1详图视图1"的视图。

☑ 6）在【项目浏览器】中选择"剖面1详图视图1"视图，并单击右键选择"重命名"，将视图名称修改为"详图1"；切换到"剖面1详图视图1"视图；在【属性】中设置视图比例为"1:20"，详细程度为"精细"，如图12-50所示。

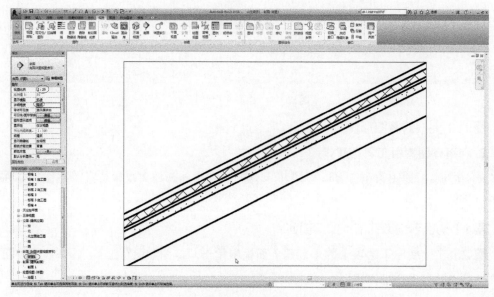

图12-50 修改并设置视图

☑ 7）单击选择【注释】选项卡的【详图】面板的 按钮，在视图中绘制标注引线（图12-51）。

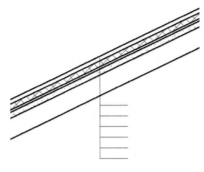

图12-51　绘制标注引线

☑ 8）单击选择【注释】选项卡的【文字】面板的 A 按钮，添加文字注释，详图绘制完成，如图12-52所示。

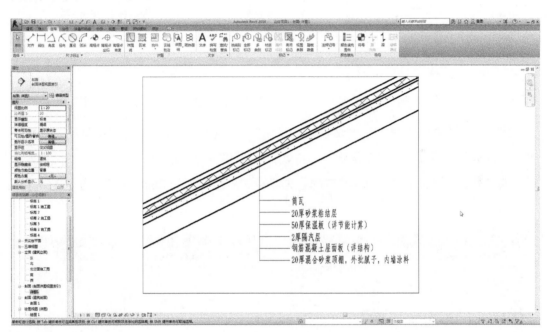

图12-52　添加文字注释

☑ 9）完成后将图形保存。

12.2.5　明细表

明细表主要用于统计，比如房间面积、门窗明细、墙明细、钢筋明细以及其他构件或设施的统计。以下简单介绍窗明细表的创建方法。

☑ 1）在【建筑】选项卡中选择" "按钮。

☑ 2）在【属性】中设置"限制条件"等参数，完成后单击 按钮。

☑ 3）在【类型属性】对话框中，设置相应参数。比如将"类型注释"参数修改为"900*1500"；"说明"参数为"断桥铝合金（全玻），窗台高详大样"；"类型标记"参数为"C0915"，如图12-53所示。

☑ 4）在【视图】选项卡的【创建】面板中选择"明细表"工具按钮▦的小黑三角，选择▦明细表/数量。打开【新建明细表】对话框，在过滤器列表中选择"建筑"，在类别中选择"窗"（图12-54），完成后单击▭按钮。

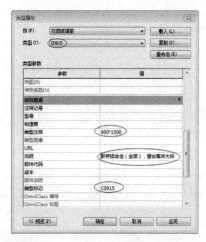

图12-53　设置【类型属性】对话框

图12-54　设置【新建明细表】对话框

☑ 5）在【明细表属性】对话框的"字段"中，选择添加"族""类型""类型注释""高度""宽度""洞口面积""合计""说明"等明细表字段，如图12-55所示。

☑ 6）【明细表属性】对话框中的"过滤器"设置条件为"说明""不等于"等（图12-56）。

图12-55　在【明细表属性】对话框中
添加"字段"

图12-56　在【明细表属性】对话框中设置
过滤器条件

☑ 7）【明细表属性】对话框中的"排序/成组"设置：选择"类型""升序"；勾选"总计"；选择"标题和总数"，如图12-57所示。

✅ 8）【明细表属性】对话框中的"格式"设置：选择"宽度""高度""洞口面积""合计"等，字段格式为"隐藏字段"，勾选"计算总数"（图12-58）。

✅ 9）完成后单击 确定 按钮，结果如图12-59所示。

图12-57　在【明细表属性】对话框中设置
排序/成组方式

图12-58　在【明细表属性】对话框中
设置格式

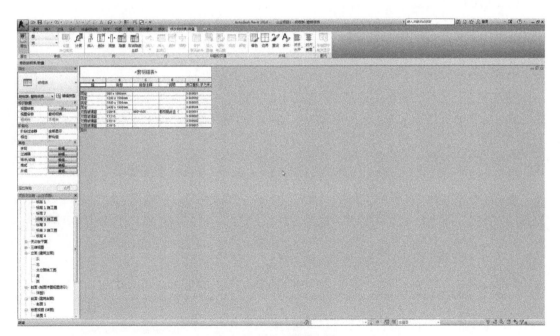

图12-59　设置结果

以上因为只设置了一个窗，所以明细表中只有一个窗的信息完整，实际上在创建模型之前或者在创建门窗之前进行门窗的相关信息设置，就会创建一个完整的明细表，以便于将来提取相关数据。另外，对于其他的构件，都应当按类似方法进行设置，这样对于整个项目就会有完整准确的数据，这也就是BIM的优势所在，在此就不再一一赘述。

第13章

布图与打印

在Revit当中，可以将项目中的多个视图或明细表布置在同一个图纸视图中，形成用于打印或发布的施工图纸。另外，Revit可以将项目中的视图、图纸打印或导出为CAD格式文件，实现与其他软件的数据交换。

13.1 图纸布置

使用Revit的"新建图纸"工具可以为项目创建图纸视图，指定图纸使用的标题栏族，并将指定的视图布置在图纸视图中，从而形成图纸图档。

☑ 1）在【视图】选项卡的【图纸组合】面板单击"图纸"工具按钮。

☑ 2）在弹出的【新建图纸】对话框（图13-1）中，选择"A2 公制"，单击 确定 按钮。

☑ 3）在【视图】选项卡的【图纸组合】面板单击"视图"工具按钮。

☑ 4）在弹出的【视图】对话框（图13-2）中，选择视图名称，然后单击 在图纸中添加视图(A) 按钮。

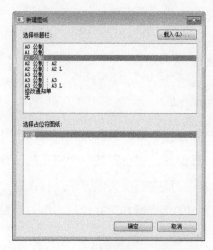

图13-1 【新建图纸】对话框

图13-2 【视图】对话框

☑5）依次选择其他视图，完成图纸组合，如图13-3所示。

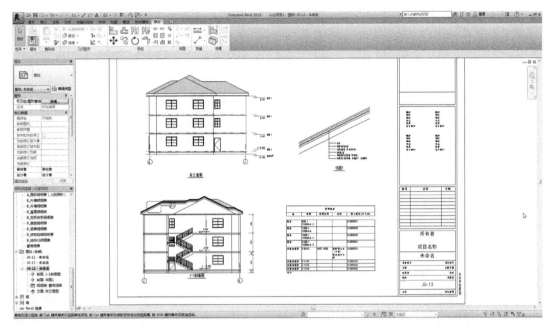

图13-3 完成图纸组合

6）重复上述操作，直至项目全套图纸完成。

13.2 打印图纸与导出图纸

图纸布置完成后，可以通过打印机（绘图仪）完成视图的打印，或者将指定的视图或图纸视图导出为CAD文件。

13.2.1 打印

Revit的图纸打印输出一般采用便于图档共享的PDF方式。目前Revit没有提供直接输出PDF格式的工具，如果要创建PDF文档，需要先安装外部打印程序，比如虚拟打印机。

☑1）单击"应用程序菜单"按钮，在列表中选择"打印"选项，打开【打印】对话框（图13-4）。

☑2）在"打印范围"栏目中选择"所选视图/图纸"项，然后单击 选择(E)... 按钮，在【视图/图纸集】对话框中选择图纸名称（图13-5）。

☑3）完成后，单击 确定 按钮回到【打印】对话框，选择"打印到文件"项，点击 浏览(B)... 按钮，设置文件保存路径，单击 确定 按钮开始打印。

☑4）打印机打印文件（图13-6）经检查无误后，单击打印机程序的 按钮，将文件保存即可。

图13-4 【打印】对话框

图13-5 在【视图/图纸集】对话框中选择图纸名称

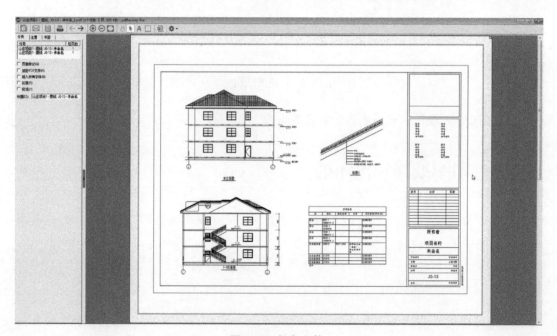

图13-6 打印文件

13.2.2 导出为CAD文件

Revit可以将项目图纸或视图导出为DWG、DXF、DGN以及SAT等格式的CAD文件，以便于为使用CAD工具的设计人员提供数据，但注意虽然Revit不支持图层概念，但可以设置各构件对象在导出DWG时对应的图层，以方便在CAD中运用。以下就简单看一下导出CAD文件的基本操作。

☑ 1）单击"应用程序菜单"按钮，在列表中选择"导出"的"选项"的"设置DWG/DXF"项，如图13-7所示。

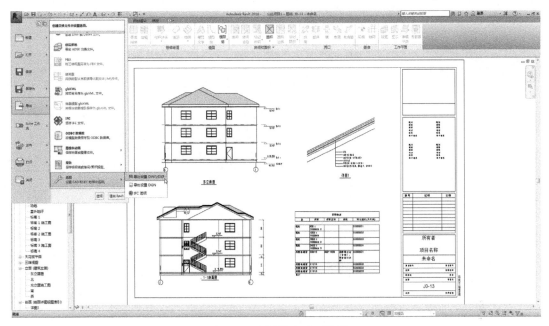

图13-7 选择导出选项设置

✅2）系统弹出【修改DWG/DXF设置】对话框（图13-8）。该对话框可以分别对模型导出为CAD文件时的图层、线型、填充图案、字体以及CAD版本等进行设置。

图13-8 【修改DWG/DXF设置】对话框

✅3）在"层"活动标签的"根据标准加载图层"的下拉列表中选择层设置文件。

✅4）单击"线"活动标签，设置线型（图13-9）。

✅5）单击"填充图案"活动标签，设置填充图案样式（图13-10）。此外，还可以设置字体、单位、坐标等。完成后单击　确定　按钮关闭对话框。

✅6）单击"应用程序菜单"按钮，在列表中选择"导出"选项的"CAD格式"的"DWG"，如图13-11所示。

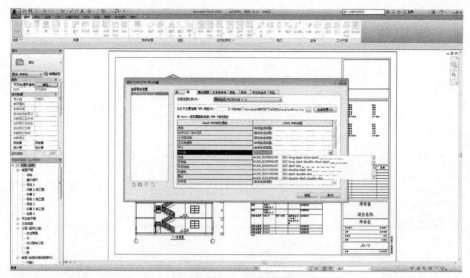

图13-9　设置线型

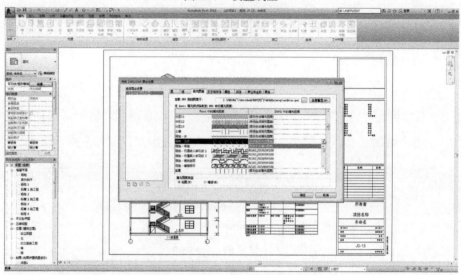

图13-10　设置填充图案样式

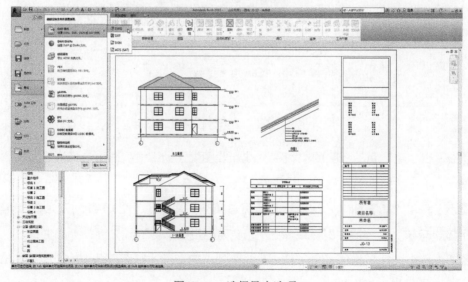

图13-11　选择导出选项

☑ 7）在【DWG导出】对话框（图13-12）中确认要转换的图纸，然后单击 下一步(X)... 按钮。

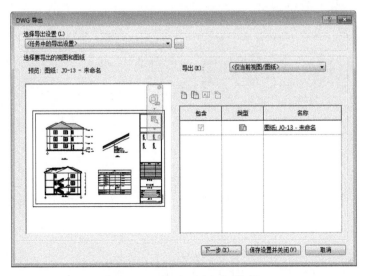

图13-12　【DWG导出】对话框

☑ 8）在【导出CAD格式】中设置CAD版本格式、图形名称及保存路径等，完成后单击按钮完成图纸转换，如图13-13所示。

图13-13　设置【导出DWG格式】对话框

第14章

工作集设置与协同工作

Revit工作集是将所有人的修改成果通过网络共享文件夹的方式保存在中央服务器上，并将他人修改成果实时反馈给参与设计的客户端，以便在设计时及时了解他人的修改或变更。

要启用工作集，必须由项目负责人在开始协作之前建立和设置工作集，并指定共享存储中心文件的位置，并定义所有参与项目工作的人员权限。

14.1 工作集

工作集是每次可由一位项目成员编辑的建筑图元的集合，所有其他工作组成员可以查看该工作集的图元，但不能修改该工作集，主要是防止在项目中可能发生的冲突。

工作集由项目经理或项目管理者在开始共享工作之前设置完成，并保存在服务器共享文件夹中，以确保所有用户具备可以访问中心文件的权限。

14.1.1 设置工作集

设置工作集时需要注意根据项目大小划分工作集，一般工作组成员每人可有1~4个工作集，工作组成员每人被指定特定功能的任务，成员间协同工作。当项目发展到一定程度后，由项目负责人启用工作集，启用时一定注意备份原始文件。

☑1）单击【协作】选项卡的【工作集】面板中的"工作集"按钮。

☑2）系统弹出【工作共享】对话框（图14-1），在对话框中输入默认工作集名称，单击 确定 按钮启动工作集。

☑3）在系统弹出【工作集】对话框（图14-2）中，单击 新建(N) 按钮，输入新的工作集名称，勾选或取消勾选"在所有视图中可见"。

☑4）创建完成后单击 确定 按钮。

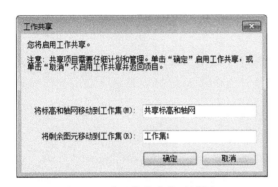

图14-1 【工作共享】对话框

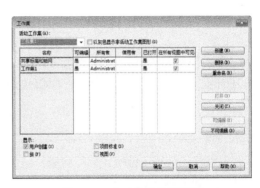

图14-2 【工作集】对话框

14.1.2 细分工作集

☑ 1）打开之前创建的"项目1.RVT"文件，切换到"标高1"视图。

☑ 2）在视图中选择相应图元，单击【属性】中的"标识数据"一栏，在"工作集"对应参数下拉列表中选择对应的工作集名称，如图14-3所示。

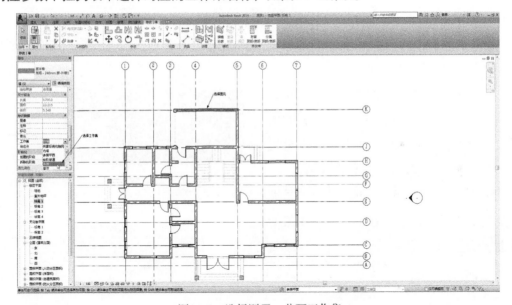

图14-3 选择图元，分配工作集

☑ 3）重复上一步骤的操作，直至全部工作集分配完成。

☑ 4）切换到三维视图，选择【视图】选项卡的【图形】面板的"可见性/图形"按钮，在弹出的【三维视图】对话框中，选择"工作集"活动标签（图14-4）。

☑ 5）分别设置工作集的可见性，完成后单击 确定 按钮。

图14-4 选择"工作集"活动标签

14.1.3 创建中心文件

在本地硬盘的任意位置新建名称为"中心文件"的空白文件夹,并设置该文件夹为网络共享文件夹,设置允许所有网络用户拥有文件夹的读写权限,通过"网上邻居"的"映射网络驱动器"功能,分别在其他工程师的计算机中建"中心文件"共享文件夹映射为"M"。

注意:使用Revit的工作集功能,必须确保所有计算机均能正确访问共享文件夹,文件夹的命名规则必须完全一致。

启用工作集后,第一次保存项目时,将自动创建中心文件。在程序菜单中选择"另存为"命令,设置保存路径和文件名称。

14.1.4 签入工作集

创建完成中心文件后,项目负责人必须放弃工作集的可编辑性,以便其他用户可以访问所需的工作集。

☑ 1)单击【协作】选项卡的【工作集】面板中的"工作集"按钮。

☑ 2)在弹出的【工作集】对话框中,选择所有工作集,勾选显示区域的"用户创建"复选框,在对话框右侧单击"不可编辑"按钮,确定释放编辑权(图14-5)。

☑ 3)启用工作集后,项目小组成员即可复制本地文件,签出各自负责工作集的编辑权限进行设计。

图14-5 选择工作集

14.1.5 创建本地文件

☑ 1)项目小组成员在应用程序菜单中选择"打开"命令,通过网络路径选择项目中心文件并打开,并勾选"新建本地文件"。

☑ 2)打开后在应用程序菜单中选择"另存为"命令,单击【另存为】对话框的 选项(P)... 按钮,确保【文件保存选项】对话框(图14-6)中取消勾选"保存后将此作为中心模型"复选框,单击 确定 按钮。

☑ 3)设置完成后,单击 保存(S) 按钮。

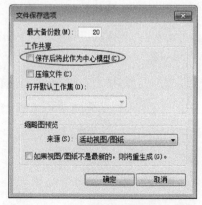

图14-6 【文件保存选项】对话框

14.1.6　签出工作集

☑1）单击【协作】选项卡的【工作集】面板中的"工作集"按钮。

☑2）在【工作集】对话框中选择要编辑的工作集名称，单击 可编辑(E) 按钮获得编辑权，用户将显示在工作集的"所有者"一栏（图14-7）。

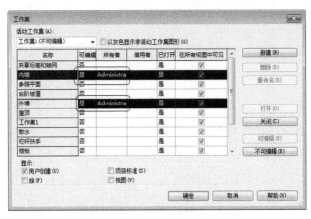

图14-7　获取编辑权

☑3）选择不需要的工作集名称，单击 关闭(C) 按钮将其关闭，以提高系统的性能。

14.1.7　保存修改

1. 单独保存

创建修改完成后，可以单击应用程序按钮，选择"保存"命令将文件保存在本地硬盘。

2. 与中心文件同步

单击【协作】选项卡的【同步】面板中的"与中心文件同步"按钮。选择"立即同步"按钮，可以实现与中心文件同步。如果选择"同步并修改设置"按钮，则需进一步设置【与中心文件同步】对话框（图14-8）。

图14-8　【与中心文件同步】对话框

14.2　协同工作

协同工作的核心在于管理，Revit提供的功能仅仅是在工具层面提供管理的支撑，实际上管理的理念与方法是无法通过单一软件来实现的。

要实现多人多专业的协同工作，仅凭Revit自身的功能操作，将无法完成高效的协作管理。因此，在开始协同工作之前，必须为协同工作做好充分的准备。准备内容首先应包括协同方的确定、项目定位信息、协调机制以及数据交互模式等，尤其是数据的相互传递通道一定要畅通无阻。

选择协同工作的方式，主要是链接或工作集。采用链接是最容易实现的数据级的协同方式，它仅需要参与协同的各专业用户使用链功能将已有的Revit数据链接至当前模型即可；而工作集的方式的问题是用户越多，管理越复杂。

因此，根据经验建议结合项目的实际特点，优先将项目拆分为不同的独立模型，采用链接方式生成完整的模型，在独立模型内部再根据需要启用工作集模式，以方便沟通和修改。

对于联系特别紧密的工作，可以首先使用工作集模式。比如多个工程师同时参与同一个项目建筑专业的设计工作，最终需要合成一个完整的项目时，采用工作集方式便于多个工程师及时交互，并在项目中明确构件的命名规则、文件保存的法则等。

项目主管需要制订项目级的协同设计标准，企业根据自身的现状制订企业级协同设计标准，而行业则需制定行业乃至国家级的标准，所有这些工作是实现BIM设计的基础。

1. 查看其他成员的修改

项目小组成员间协同设计时，如果要查看别人的设计修改，可以单击【协作】选项卡的【同步】面板中的"重新载入最新工作集"按钮即可。一般建议项目小组成员每1~2h将工作保存到中心一次，以便于项目小组成员及时交流设计内容。

2. 图元借用

默认情况下，没有签出编辑权的工作图元只能查看，不能选择和编辑。如果需要编辑这些图元，在没被其他小组成员签出的情况下，单击鼠标右键，在弹出的快捷菜单中选择"使图元可编辑"，即可编辑修改这些图元。

如果该图元已经被其他成员签出，则需单击"放置请求"按钮向所有者请求编辑权限，同时应联系所有者，因所有者不会收到用户请求的自动通知。

以上，只是简单介绍了工作集及协同工作的基本原理，在实际工程运用当中，用户还需根据项目情况以及人员配置，科学合理地进行设置与划分。

第 15 章

链接与管理

在Revit当中，使用链接功能，可以链接其他专业模型，配合使用碰撞检查功能可以完成构件间碰撞检查等涉及质量控制等方面内容。

15.1 链接

以下就通过一个小建筑图与设备图的链接，来看一下专业间的协同与碰撞检查情况。

☑ 1）打开一个已有的小建筑模型。

☑ 2）单击【插入】选项卡的【链接】面板中的"链接Revit"按钮。

☑ 3）根据文件路径，选择要链接的设备模型文件，"定位"方式选择"自动-原点到原点"，单击 打开(0) 按钮，结果如图15-1所示。

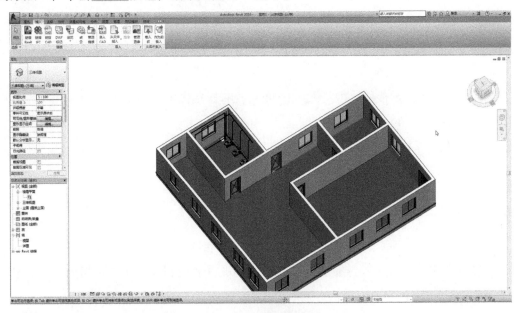

图15-1 链接设备模型

☑ 4）单击【协作】选项卡的【坐标】面板中的"碰撞检查"按钮的小黑三角，在下拉列表中选择"运行碰撞检查"工具。

☑ 5）在弹出的【碰撞检查】对话框左侧的"类别来自"选择"当前项目"，勾选其中的构件；对话框右侧的"类别来自"选择"设备.RVT"，勾选其中的构件（图15-2）。

☑ 6）完成后，单击 确定 按钮，Revit将根据所选构件进行碰撞检查。

☑ 7）如果构件之间出现碰撞干涉，则系统会给出【冲突报告】对话框（图15-3）。

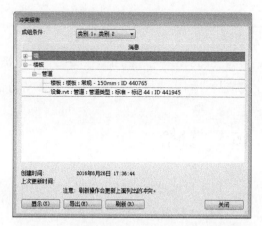

图15-2　设置【碰撞检查】对话框　　　　　图15-3　系统提供的【冲突报告】对话框

☑ 8）单击 导出(E)... 按钮可以导出"*.html"格式的文件，使用IE浏览器可以打开该报告。

☑ 9）在【冲突报告】对话框中，展开其中的任一项，可以发现冲突图元的类别、类型以及ID号，单击某一图元，将在视图中亮显，以便于迅速查明原因，调整模型。

Revit中，每个图元都自动分配一个唯一的ID号，选择图元后，使用【管理】选项卡的【查询】面板中"选择项的ID"工具🔳，可以查看所选择图元的ID号。

15.2　管理链接模型

15.2.1　管理链接

单击【插入】选项卡的【链接】面板中的"管理链接"按钮🔳，在【管理链接】对话框（图15-4）中，可以设置链接文件的各项目属性以及控制链接文件在当前项目的显示状态。

Revit支持附着型和覆盖型两种不同类型的参照方式，这两种方式的区别在于如果导入的项目中包含链接（即嵌套链接），链接文件中覆盖型的链接文件将不会显示在当前主项目文件中。

图15-4　【管理链接】对话框

另外，Revit可以记录链接文件的路径类型为相对路径还是绝对路径。如果使用相对路径，当将项目和链接文件一起移动到新目录中时，链接关系保持不变；如果使用绝对路径，一旦项目和链接文件一起移动到新目录中，其链接关系将被破坏。

15.2.2　复制与监视

在链接图元时，可以将被链接项目的轴网、标高等图元复制到当前项目当中，以方便在当前项目中编辑修改。但为了当前项目中的轴网、标高等图元与链接项目中的轴网、标高等图元保持一致，可以使用"复制/监视"工具将链接项目中的图元对象复制当主体项目中，用于追踪链接模型中图元的变更与修改情况，以便于及时协调和修改当前主项目模型中的对应图元。

第 16 章

渲染与漫游

在传统二维模式下进行方案设计无法很快地校验和展示建筑形态，对于内部空间的情况更是难于直观把握。使用Revit可以实时查看模型，创建漫游动画，进行相关分析等，并且方案阶段的大部分工作可在Revit中完成，无需导出到其他软件，避免了重复劳动和数据流失，使设计师之间的交流更方便、快捷。

16.1 渲染

渲染之前，一般需要创建透视图，生成渲染场景等。

16.1.1 创建透视图

☑ 1）打开创建模型的平面、立面视图，并将其平铺显示（图16-1）。

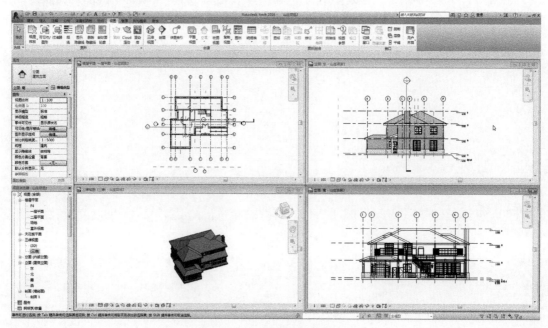

图16-1 打开视图并平铺显示

☑2）在【视图】选项卡的【创建】面板中的"三维视图"按钮的小黑三角，选择"相机"工具。

☑3）在平面视图中单击放置相机，并将光标拖曳到所需目标点，结果如图16-2所示。

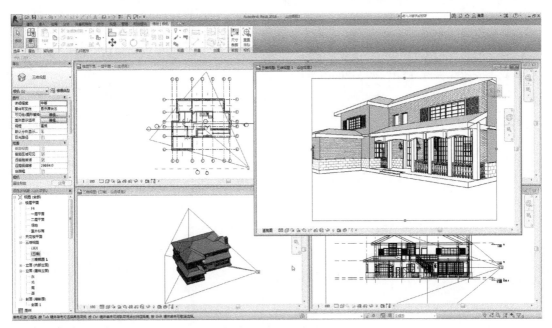

图16-2　在视图中放置相机

☑4）可以在各个窗口中分别调整相机的位置（包括高度），以得到最佳视觉效果。

☑5）使用同样的方法在室内放置相机可以创建室内三维透视图。

16.1.2　材质替换

在渲染之前，需要预先设置构件的材质，用于整体定义模型图元的外观。方法是单击【管理】选项卡的【设置】面板中"材质"按钮，然后在【材质浏览器】对话框（图16-3）中选择和设置材质，并将其指定给相应构件的相应面层。关于材质问题在之前的章节中已经做了很详细的讲述，在此就不再赘述。

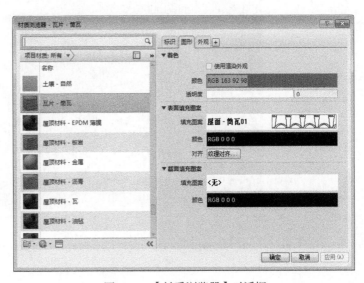

图16-3　【材质浏览器】对话框

16.1.3 渲染设置

☑ 1）单击【视图】选项卡的【图形】面板中"渲染"按钮，系统弹出【渲染】对话框（图16-4）。

☑ 2）设置对话框中的几个参数项，然后单击 渲染(R) 按钮，完成渲染，如图16-5所示。

关于渲染参数项的设置相对复杂，而且由于计算机配置不同，其效果也不尽相同，建议初学者先不必进行复杂设置，直接按默认设置进行渲染；然后再分别调整设置，看渲染效果，久而久之即可做出较完美的渲染图。

另外，如果需要高质量的渲染，可以借助3DS MAX进行单击渲染，或者单击【视图】选项卡的【图形】面板中"Cloud 渲染"按钮，进行云端渲染，当然这一项是需要付费的。

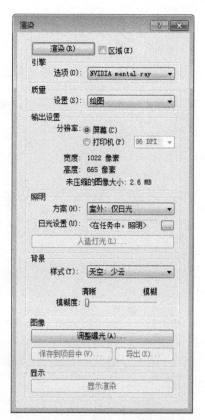

图16-4 【渲染】对话框

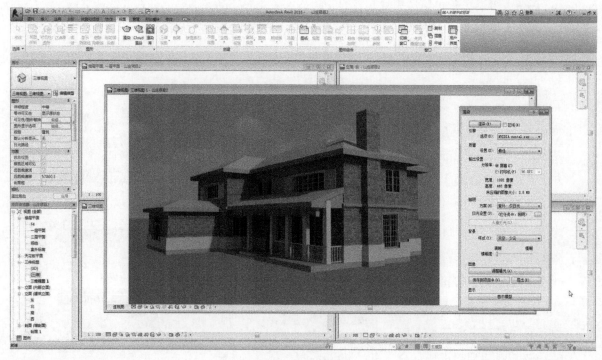

图16-5 渲染结果

16.2 漫游

☑ 1）切换到一层平面视图。

☑ 2）在【视图】选项卡的【创建】面板中的"三维视图"按钮的小黑三角，选择"漫游"工具。

☑ 3）在参数栏设置路径高度，如1750（图16-6）。

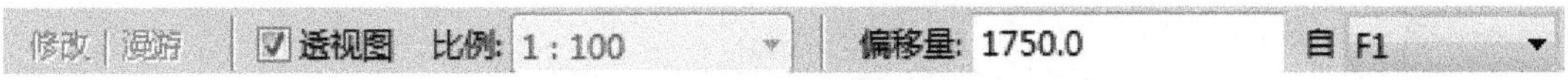

| 修改 \| 漫游 | ☑ 透视图 | 比例：1：100 | ▼ | 偏移量：1750.0 | | 自 F1 | ▼ |

图16-6 设置参数栏

☑ 4）拖动鼠标在模型周边绘制漫游路径（图16-7）。

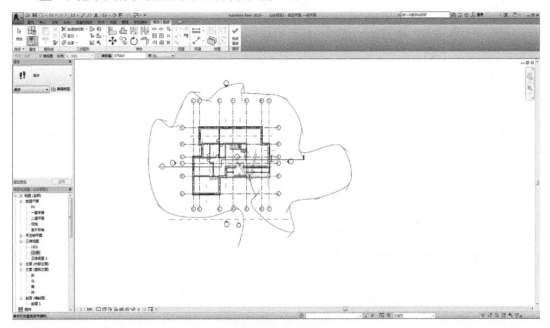

图16-7 绘制漫游路径

☑ 5）单击按钮或按 ESC 键结束路径绘制。

☑ 6）双击【项目浏览器】的"漫游"项，打开漫游视图。

☑ 7）将一层平面视图与漫游视图平铺显示。

☑ 8）单击漫游视图的边框线，将显示模式设置为"真实"。

☑ 9）单击漫游视图的边框线，在上下文选项卡【修改|相机】的【漫游】面板中选择"编辑漫游"按钮。

☑ 10）设置参数框，将起始帧数设为"1"，全部帧数为"600"（图16-8）。

| 修改 \| 相机 | 控制 | 活动相机 | ▼ | 帧 | | 1.0 | 共 | 600 |

图16-8 设置帧数

☑ 11）完成后单击 ▷ 按钮，即可进行漫游（图16-9）。

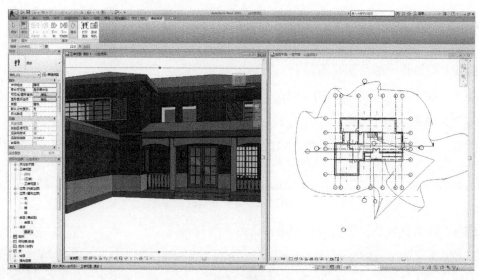

图16-9　漫游

☑ 12）漫游创建完成后，单击"应用程序菜单"按钮，选择"导出"项的"漫游"命令（图16-10）。

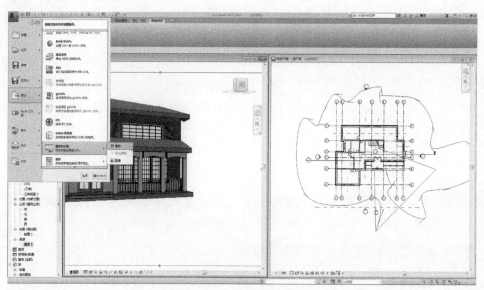

图16-10　选择导出漫游命令

☑ 13）设置系统弹出的【长度/格式】对话框（图16-11）。

☑ 14）完成后单击　确定(D)　按钮，设置保存路径即可将漫游结果以AVI格式保存。

图16-11　【长度/格式】对话框

参考文献

[1] 李建成. Revit Building 建筑设计教程[M]. 北京：中国建筑工业出版社，2006.

[2] 柏慕培训. Autodesk Revit Architecture 2010官方标准教程[M]. 北京：高等教育出版社，2010.

[3] 朱宁可，丁延辉，等.Autodesk Revit Architecture 2010 建筑设计速成[M]. 北京：化学工业出版社，2010.

[4] 吕东军，孔黎明.Autodesk Revit Architecture 建筑设计教程[M]. 北京：中国建材工业出版社，2011.

[5] 柏慕中国. Autodesk Revit Architecture 2012官方标准教程[M]. 北京：电子工业出版社，2012.

[6] 欧特克软件（中国）有限公司构件开发组. Autodesk Revit 2012族达人速成[M]. 上海：同济大学出版社，2012.

[7] 廖小烽，王君峰. Revit 2013/2014建筑设计火星课堂[M]. 北京：人民邮电出版社，2013.

[8] 北京工程勘察设计行业协会等. 民用建筑信息模型设计标准（DB11T 1069—2014）[S]. 北京：中国建筑工业出版社，2014.

[9] Autodesk Asia Pte Ltd. Autodesk Revit 2014五天建筑达人速成[M]. 上海：同济大学出版社，2014.

[10] 柏慕进业. Autodesk Revit Architecture 2014官方标准教程[M]. 北京：电子工业出版社，2014.

[11] 史瑞英. Revit Architecture 2013-BIM应用实战教程[M]. 北京：化学工业出版社，2014.

[12] 柏慕进业. Autodesk Revit Architecture 2015官方标准教程[M]. 北京：电子工业出版社，2015.

[13] 张金月.Revit与Navisworks入门[M]. 天津：天津大学出版社，2015.

[14] 马骁.BIM设计项目样板设置指南[M]. 北京：中国建筑工业出版社，2015.

[15] 平经纬. Revit族设计手册[M].北京：机械工业出版社，2015.

[16] Autodesk Asia Pte Ltd. Autodesk Revit二次开发基础教程[M]. 上海：同济大学出版社，2015.

[17] 李恒，孔娟. Revit 2015中文版基础教程[M]. 北京：清华大学出版社，2015.

[18] 肖春红.Autodesk Revit Architecture中文版实操实练[M]. 北京：电子工业出版社，2015.

[19] 黄亚斌，王全杰，等.Revit建筑应用实训教程[M]. 北京：化学工业出版社，2016.